Martin Grösel

Virtuelles 3D-Modell der equinen thorakolumbalen Wirbelsäule

Martin Grösel

Virtuelles 3D-Modell der equinen thorakolumbalen Wirbelsäule

Eine biomechanische Analyse

Südwestdeutscher Verlag für Hochschulschriften

Impressum/Imprint (nur für Deutschland/only for Germany)
Bibliografische Information der Deutschen Nationalbibliothek: Die Deutsche Nationalbibliothek verzeichnet diese Publikation in der Deutschen Nationalbibliografie; detaillierte bibliografische Daten sind im Internet über http://dnb.d-nb.de abrufbar.
Alle in diesem Buch genannten Marken und Produktnamen unterliegen warenzeichen-, marken- oder patentrechtlichem Schutz bzw. sind Warenzeichen oder eingetragene Warenzeichen der jeweiligen Inhaber. Die Wiedergabe von Marken, Produktnamen, Gebrauchsnamen, Handelsnamen, Warenbezeichnungen u.s.w. in diesem Werk berechtigt auch ohne besondere Kennzeichnung nicht zu der Annahme, dass solche Namen im Sinne der Warenzeichen- und Markenschutzgesetzgebung als frei zu betrachten wären und daher von jedermann benutzt werden dürften.

Verlag: Südwestdeutscher Verlag für Hochschulschriften GmbH & Co. KG
Dudweiler Landstr. 99, 66123 Saarbrücken, Deutschland
Telefon +49 681 37 20 271-1, Telefax +49 681 37 20 271-0
Email: info@svh-verlag.de

Zugl.: Wien, TU, Diss., 2011

Herstellung in Deutschland:
Schaltungsdienst Lange o.H.G., Berlin
Books on Demand GmbH, Norderstedt
Reha GmbH, Saarbrücken
Amazon Distribution GmbH, Leipzig
ISBN: 978-3-8381-2858-0

Imprint (only for USA, GB)
Bibliographic information published by the Deutsche Nationalbibliothek: The Deutsche Nationalbibliothek lists this publication in the Deutsche Nationalbibliografie; detailed bibliographic data are available in the Internet at http://dnb.d-nb.de.
Any brand names and product names mentioned in this book are subject to trademark, brand or patent protection and are trademarks or registered trademarks of their respective holders. The use of brand names, product names, common names, trade names, product descriptions etc. even without a particular marking in this works is in no way to be construed to mean that such names may be regarded as unrestricted in respect of trademark and brand protection legislation and could thus be used by anyone.

Publisher: Südwestdeutscher Verlag für Hochschulschriften GmbH & Co. KG
Dudweiler Landstr. 99, 66123 Saarbrücken, Germany
Phone +49 681 37 20 271-1, Fax +49 681 37 20 271-0
Email: info@svh-verlag.de

Printed in the U.S.A.
Printed in the U.K. by (see last page)
ISBN: 978-3-8381-2858-0

Copyright © 2011 by the author and Südwestdeutscher Verlag für Hochschulschriften GmbH & Co. KG and licensors
All rights reserved. Saarbrücken 2011

INHALTSVERZEICHNIS

1. **Einleitung** 9
   1.1. Allgemeines 9
   1.2. Aufgabenstellung 10
2. **Anatomie der Pferdewirbelsäule** 11
   2.1. Lage und Richtungsbezeichnungen beim Pferd 11
   2.2. Knöcherner Aufbau 12
      2.2.1. Die Brustwirbelsäule 14
      2.2.2. Die Lendenwirbelsäule 15
      2.2.3. Das Kreuzbein 16
      2.2.4. Das Becken 17
   2.3. Gelenke zwischen den Wirbelkörpern 18
   2.4. Die Muskulatur 18
3. **Biomechanik der Wirbelsäule** 21
   3.1. Konstruktion des Rückens – Modellvorstellungen 21
   3.2. Krafteinwirkungen auf die Wirbelsäule 24
   3.3. Die Beweglichkeit der thorakolumbalen Wirbelsäule 25
4. **Biomechanik der Muskulatur** 31
   4.1. Physiologie des Muskels 31
   4.2. Mechanisches Muskelmodell 34
   4.3. Kraft-Längen-Verhältnis eines Muskels 35
   4.4. Kraft-Geschwindigkeit-Relation eines Muskels 37
   4.5. Kraft-Längen-Verhältnis einer Sehne 38
5. **Motion Capture** 39
   5.1. Grundlagen 39
   5.2. Messvorbereitungen 40
   5.3. Motion – Tracking 41

5.4. Allgemeine Komplikationen zwischen Messung und Modell 42

    5.4.1. Rauschen 42

    5.4.2. Kinematische Überbestimmtheit 42

    5.4.3. Kinematische Unterbestimmtheit 43

    5.4.4. Fehlende Markersichtbarkeit 43

6. **In-vivo-Untersuchungsmethoden der Rückenkinematik 44**

    6.1. Messtechnik basierend auf Hautmarkern 44

    6.2. Messtechnik basierend auf Knochenmarkern 45

7. **Muskuloskeletale Modellbildung 47**

    7.1. Konstruktion der Wirbelsegmente 48

        7.1.1. CT-Aufnahmen 48

        7.1.2. Einsatz von 2D und 3D CAD Software 50

    7.2. Modellerstellung der Wirbelsäule in SIMM 56

    7.3. Bestimmung von Masse und Trägheitseigenschaften 62

    7.4. Muskelmodellerstellung in SIMM 65

8. **Simulationssoftware OpenSim 67**

    8.1. Import in OpenSim 68

    8.2. Scaling 68

    8.3. Inverse Kinematik 72

    8.4. Inverse Dynamics 74

    8.5. Static Optimization 76

    8.6. Forward Dynamics 80

9. **Eigene Untersuchungen mit Hautmarkersets 81**

    9.1. Markerset A in Kombination mit EMG-Studie 82

        9.1.1. Einleitung – Markerset A 82

        9.1.2. Material und Methode – Markerset A 82

        9.1.3. Resultate – Markerset A 85

        9.1.4. Diskussion – Markerset A 86

- 9.2. Markerset B1 – Tapemarker 89
  - 9.2.1. Einleitung – Markerset B1 89
  - 9.2.2. Material und Methode – Markerset B1 89
  - 9.2.3. Resultate – Markerset B1 91
  - 9.2.4. Diskussion – Markerset B1 91
- 9.3. Markerset B2 – Holzmarker 92
  - 9.3.1. Einleitung – Markerset B2 92
  - 9.3.2. Material und Methode – Markerset B2 92
  - 9.3.3. Resultate – Markerset B2 93
  - 9.3.4. Diskussion – Markerset B2 94
- 9.4. Finales Markersetup mit Modellvalidierung 96
  - 9.4.1. Einleitung – Finales Markerset 96
  - 9.4.2. Material und Methode – Finales Markerset 96
  - 9.4.3. Resultate – Finales Markerset 99
  - 9.4.4. Diskussion – Finales Markerset 103

10. Modellerstellung des Longissimus dorsi 105

11. Diskussion 109

12. Literaturverzeichnis 112

13. Kurzfassung 123

14. Abstract 125

ABBILDUNGSVERZEICHNIS

Abbildung 1 Lage- und Richtungsbezeichnungen beim Pferd nach Wissdorf et al. (1998) 11

Abbildung 2 Komplette Wirbelsäule eines Pferdes 12

Abbildung 3 Halbschema eines Wirbels 13

Abbildung 4 Zeichnung eines 8. und 9. Brustwirbels 14

Abbildung 5 Zeichnung des dritten Lendenwirbels 15

Abbildung 6 Zeichnung des Os Sacrum, linke kraniodorsale Ansicht 16

Abbildung 7 Zeichnung des Hüftknochens 17

Abbildung 8 Muskulatur des Rückens nach von Scheven (2010) 19

Abbildung 9 Konstruktion einer Wirbelbrücke nach Krüger (1939) 22

Abbildung 10 Konstruktion einer Rumpfbrücke 22

Abbildung 11 Körperschwerpunkt des Pferdes; modifiziert aus Rooney (1982) 24

Abbildung 12 Die drei Grundbewegungsarten; modifiziert aus Faber et al. (2001a) und van Weeren (2004) 25

Abbildung 13 Axiale Rotation der Wirbel in Grad [°] zueinander in der thorakolumbalen Wirbelsäule; modifiziert aus Townsend et al. (1983) 28

Abbildung 14 Laterale Biegung der Wirbel in Grad [°] zueinander in der thorakolumbalen Wirbelsäule; modifiziert aus Townsend et al. (1983) 29

Abbildung 15 Dorsoventrale Bewegung der Wirbel in Grad [°] zueinander in der thorakolumbalen Wirbelsäule; modifiziert aus Townsend et al. (1983) 29

Abbildung 16 Makro- und mikroskopische Struktur eines Skelettmuskels, modifiziert aus Keene (1986) 32

Abbildung 17 Muskel-Sehnen-Komplex mit Fiederungswinkel α, modifiziert aus Zajac (1989) 33

Abbildung 18 Drei-Komponenten-Hill-Modell aus Delp und Loan (2000) 34

Abbildung 19 Isometrische Kraft-Längen-Relation eines Muskels, modifiziert aus Zajac (1989) 36

Abbildung 20 Kraft-Geschwindigkeits-Relation, modifiziert aus Zajac (1989) 37

Abbildung 21 Verlauf der Kraft-Längen-Relation einer Sehne, modifiziert aus Delp (1990) 38

Abbildung 22 Schematische Anordnung von acht Kameras mit zentriertem Kalibrierrechteck (Cortex, 2008) 40

Abbildung 23 Nachbearbeitung der Messdaten in *Cortex* 41

Abbildung 24 Knochenmarkerset nach Faber et al. (2000) mit Steinmann Pins 46

Abbildung 25 Erste Bearbeitungsschritte von der Anpassung der Grauwerte in *eFilm* bis zum Nachzeichnen der relevanten Konturen in *ME10* 49

Abbildung 26 „Knochenskelett" eines Lendenwirbels nach der axialen Ausrichtung der Z-Koordinaten der geschlossenen Splines 51

Abbildung 27 Konturen für Fläche mit Mehrfachschnitt in *CATIA* 52

Abbildung 28 Fertige Fläche mit Mehrfachschnitt in *CATIA* 52

Abbildung 29 Fehler bei Flächenbildung zwischen zwei benachbarten Konturen unterschiedlichen Umfangs in *CATIA* 53

Abbildung 30 Korrekte Oberflächenbildung nach Einführen von Führungselementen in *CATIA* 53

Abbildung 31 Einfügen von Zusatzsplines bei abzweigenden Konturen in *CATIA* ... 54

Abbildung 32 Geschlossener Volumenkörper vor und nach Verdecken der Oberflächenkonturen und Entfernen des Wirbelloches in *CATIA* 55

Abbildung 33 Ansicht der gesamten Wirbelsäule zur Kollisionskontrolle im Assembly Design Modus von rechts lateral und dorsal in *CATIA* aus Groesel et al. (2009) 56

Abbildung 34 Struktur der muskuloskeletalen Modellerstellungssoftware *SIMM*, modifiziert aus Delp und Loan (2000) 57

Abbildung 35 Gelenkachsendefinition im Gelenkmittelpunkt eines Lendenwirbelkörpers in *SIMM* 58

Abbildung 36 Code für die Definition eines Segments in *SIMM* 58

Abbildung 37 Code für die Definition eines Gelenks in *SIMM* 59

Abbildung 38 Code für die Definition einer kinematischen Funktion in *SIMM* 60

Abbildung 39 Code für die Definition eines Gencoords in *SIMM* 60

Abbildung 40 Segmente der Wirbelsäule inklusive der kartesischen Koordinatensysteme nach Definition aller intervertebralen Gelenke in *SIMM* 61

Abbildung 41 Vereinfachtes Volumenmodell des Pferderumpfes in *CATIA* 63

Abbildung 42 Code für die Definition eines Muskels in *SIMM* 66

Abbildung 43 Bearbeitungsschritte in *OpenSim* 67

Abbildung 44 Datenimport in *OpenSim* 68

Abbildung 45 Scaling in *OpenSim* 69

Abbildung 46 Bereich der kaudalen BWS mit den Markerabständen zwischen Th_{12} und Th_{15} (m_2) sowie Th_{15} und Th_{18} (m_1) 69

Abbildung 47 Code für das Originalmodell in *OpenSim* 71
Abbildung 48 Code für ein skalierte Modell in *OpenSim* 71
Abbildung 49 Inverse Kinematik in *OpenSim* 72
Abbildung 50 Code des zu verändernden Markerparameters in *OpenSim* 72
Abbildung 51 Markerstadien 73
Abbildung 52 Inverse Dynamik in *OpenSim* 74
Abbildung 53 Static Optimization in *OpenSim* 77
Abbildung 54 Static Optimization anhand des Sprunggelenks beim Menschen 78
Abbildung 55 Pferdelaufband Mustang 2200 (KAGRA®) der klinischen Arbeitsgruppe für Bewegungsanalytik an der VMU Wien 81
Abbildung 56 Modell mit sechs Markern und vereinfachtem Longissimus dorsi in *SIMM* aus Groesel et al. (2010) 83
Abbildung 57 Gegenüberstellung von LD-Muskellänge [m] und integriertem EMG [mV s] aus Groesel et al. (2010) 84
Abbildung 58 Linearer Zusammenhang von IEMG [mV s] und Muskellänge [m] 86
Abbildung 59 Tape- und Singulärmarker 89
Abbildung 60 Aufteilung nach regulären und kombinierten Gelenken für Markersetup B1 und B2 90
Abbildung 61 Zwei verschiedene Holzmarkermodelle und ihre Abmessungen, Ansicht von lateral und dorsal 92
Abbildung 62 Finales Markerset 97
Abbildung 63 Winkeländerungen in Grad [°] der sechs Vektorbeziehungen für FE .. 99
Abbildung 64 Winkeländerungen in Grad [°] der sechs Vektorbeziehungen für LB und AR 100
Abbildung 65 Muskelfaserausrichtungen des medialen und lateralen LD nach von Scheven (2010) 105
Abbildung 66 Makroskopisches Vermessen einzelner Muskelfasern im medialen Teil des rechten LD 106
Abbildung 67 Rückenmodell inklusive des M. Longissimus dorsi mit optimierten Markersetup in *SIMM*, ... 108

TABELLENVERZEICHNIS

Tabelle 1 Beweglichkeit der thorakolumbalen Wirbelsäule; modifiziert aus Townsend und Leach (1984) 27

Tabelle 2 Bewegungsfreiheiten in Grad [°] der Kadaveruntersuchungen nach Townsend et al. (1983) 61

Tabelle 3 Definition der Masseparameter der Segmente 64

Tabelle 4 Masse [kg], Schwerpunkt [mm] und Trägheit [kg m²] der vier verschiedenen Einzelsegmente 64

Tabelle 5 Korrelation zwischen IEMG und konzentrischer Muskelverkürzung 85

Tabelle 6 Bewegungsumfang in Grad [°] der Gelenke nach Markerset B2 für AR.... 93

Tabelle 7 Bewegungsumfang in Grad [°] der Gelenke nach Markerset B2 für LB 94

Tabelle 8 Bewegungsumfang in Grad [°] der Gelenke nach Markerset B2 für FE.... 94

Tabelle 9 Winkelkorrelationen getrennt nach Freiheitsgraden 101

Tabelle 10 Innersegmentale Korrelation von LB und AR 101

Tabelle 11 Winkelkorrelationen nach Pearson 102

ABKÜRZUNGSVERZEICHNIS

AR	axiale Rotation
asc	ASCII, American Standard Code for Information Interchange
BWS	Brustwirbelsäule
BWZ	Bewegungszyklus
C	Halswirbel (cervikal)
c_DOF	combined DOF (multisegmentalübergreifende Gelenkdefinition)
CAD	Computer Aided Design
CATIA	Computer Aided Three-Dimensional Interactive Application
CT	Computertomographie
Cy	Schwanzwirbel (coccygeal)
DICOM	Digital Imaging and Communications in Medicine
DOF	Degree of Freedom
EMG	Elektromyogramm
FE	Flexion – Extension
FG	Freiheitsgrad
F_o^M	maximale isometrische Muskelkraft
GRF	Ground Reaction Force (Bodenreaktionskraft)
ID	inverse Dynamik
igs	IGES, Initial Graphics Exchange Specification
IK	inverse Kinematik
jnt	Gelenkfile in SIMM
L	Lendenwirbel (lumbal)
LB	laterale Biegung
LD	Longissimus dorsi
Lig./Ligg.	Ligamentum/Ligamenta (Bänder)
l_o^M	optimale Muskelfaserlänge
l_s^T	Tendon Slack Length, Sehnen-Ruhelänge
LWS	Lendenwirbelsäule
M./Mm.	Musculus/Musculi (Muskel)
mot	Motiondaten
msl	Muskelfile in SIMM
osim	xml-Datenformat für muskuloskeletale Modelle in OpenSim
PCSA	Physiological Cross Sectional Area (physiologischer Muskelquerschnitt)
Proc./Procc.	Processus/Processi (Wirbelfortsatz)
r_DOF	regular DOF (klassische Gelenkdefinition)
ROM	Range of Motion (Bewegungsumfang)
S	Sakralwirbel (sakral)
SIMM	Software for Interactive Musculoskeletal Modeling
stl	Standard Tesselation Language
StO	Static Optimization
stp	Standard for the Exchange of Product model data
T, Th	Brustwirbel (thorakal)
tiff	Tagged Image File Format
trc	Tracked Data from Cortex
VMU	Veterinärmedizinische Universität

1. Einleitung

1.1. Allgemeines

Die Mechanik befasst sich, als Teilgebiet der Physik, mit der Bewegung von Körpern (Kinematik) und der Einwirkung von Kräften (Kinetik). In der Biomechanik wird diese Lehre auf biologische Systeme übertragen. Obwohl die Beobachtung des menschlichen Körpers von der mechanischen Seite her bis zu Galileo Galilei (1638) zurückreicht, ist die heutige Biomechanik erst relativ jung. Die gegenwärtig wichtigste wissenschaftliche Fachzeitschrift in diesem Forschungsgebiet, das *Journal of Biomechanics*, wurde erst 1968 gegründet. *International Society of Biomechanics* (1973), *European Society of Biomechanics* (1976) und *American Society of Biomechanics* (1977) sind weitere renommierte Zeitschriften.

Erste biomechanische Untersuchungen über den Aufbau des Pferderückens sind von Barthez (1789) und Bergmann im Jahr 1847 zu finden. In vivo Messungen über die Kinematik der Pferdewirbelsäule sind jedoch erst gegen Ende des 20. Jahrhunderts veröffentlicht worden (Audigié et al., 1999; Denoix, 1999; Faber et al., 1999; Licka und Peham, 1998; Pourcelot et al., 1998).

Die Diagnose von Rückenerkrankungen, speziell von Erkrankungen der Wirbelsäule des Pferdes, stellen ein bedeutendes Problem in der Veterinärorthopädie dar (Jeffcott, 1995). Veterinäre sehen sich meist mit sekundären oder sogar tertiären Symptomen konfrontiert, die das Resultat oftmals bereits langandauernder Prozesse von Über- oder Fehlbelastungen des Rückens sind. Eine der primären Quellen des Rückenschmerzes ist die Dysfunktion des Muskuloskeletalsystems, dessen biomechanisches Funktionieren oder Nichtfunktionieren immer noch unzureichend bestimmbar ist. Das Erkennen von Rückenbeschwerden ist beim Pferd besonders schwer, da die Wirbelsäule eine schlecht darstellbare Struktur ist, welche unter großen Muskelmassen verborgen ist. Trotz der verbesserten bildgebenden Diagnosemöglichkeiten, stößt man beim Pferderücken schnell an die Grenzen der Technik. Einen Ausweg aus dieser Notlage soll das Design eines biomechanischen Modells und dessen Untersuchung in einer digitalen Simulationsumgebung bieten.

1.2. Aufgabenstellung

Das Ziel dieser Dissertation ist es, ein dreidimensionales Modell des Pferderückens basierend auf den tatsächlichen anatomischen Gegebenheiten zu entwickeln, um das mechanische Verhalten der Wirbelsäule mit möglichst hoher Wirklichkeits- und Detailgetreue studieren zu können. Computertomographie (CT)-Aufnahmen eines Pferderückens sollen hierzu die anatomische Basis bilden. Modelle von Teilen der menschlichen Wirbelsäule sind bereits erfolgreich aus CT- bzw. magnetresonanztomografischen (MRT)-Daten entwickelt worden und haben ihre Nützlichkeit zur Bestimmung innerer Kräfte und Spannungen unter Beweis gestellt (Yan, 2006). Ein solches CT-basiertes Modell soll zeigen welche Kräfte und Momente auf die verschiedenen Strukturen des Pferderückens einwirken und ihre genauen Lokalisationen sowie Spitzenbelastungen identifizieren. Dadurch sollen in Zukunft neue Einsichten in die Pathogenese des chronischen Rückenschmerzes möglich werden.

Die Aufgabe dieser Dissertation ist es auch, neben der Erstellung eines biomechanischen Rückenmodells, ein optimiertes Hautmarkersetup zu finden, um die Bewegungen der Wirbelsäule vom lebenden Pferd am Laufband möglichst realitätsgetreu in das digitale Modell zu implementieren und die unterschiedlichen Rotationen in den Gelenken darzustellen. Außerdem soll ein Modell des größten und wichtigsten Muskels des Rückens, der *M. Longissimus dorsi*, erstellt werden. Die thorakolumbale Wirbelsäule mit angepasster Muskulatur soll so die Basis für ein zukünftiges Ganzkörpermodell eines Pferdes bilden.

Nach den Grundlagen der Anatomie der Pferdewirbelsäule in Kapitel 2 wird in Kapitel 3 die Biomechanik der Wirbelsäule sowie in Kapitel 4 die der Muskulatur erklärt. Anschließend gibt Abschnitt 5 einen Überblick über Motion Capture und Abschnitt 6 einen Einblick in in-vivo Untersuchungsmethoden der Rückenkinematik beim Pferd. Die verwendete Software und die damit verbundenen Entwicklungsschritte der Modellbildung werden in den Kapiteln 7 und 8 beschrieben.

Die eigenen Untersuchungen mit verschiedenen Hautmarkersets werden in Abschnitt 9 gezeigt und Kapitel 10 befasst sich mit der Modellerstellung des *Longissimus dorsi* unter Einbindung aller muskelspezifischen Parameter. Abgeschlossen wird diese wissenschaftliche Arbeit mit einer Diskussion in der allgemeine Problemstellungen und Lösungen zusammengefasst sind.

2. Anatomie der Pferdewirbelsäule

Die Grundlagen der folgenden Zusammenstellung über die Anatomie der Brust-, Lenden- und Sakralwirbelsäule, des Hüftknochens, sowie der Gelenke, Bänder und Muskeln bilden die Beschreibungen von Kadau (1991), Wissdorf et al. (1998) und Nickel et al. (2001). Weichen die Angaben dieser Autoren von denen anderer Autoren ab, so werden diese einzeln mit Literatur belegt. Zusätzliche Arbeiten anderer Autoren über spezielle anatomische Themen werden direkt im Text zitiert.

2.1. Lage und Richtungsbezeichnungen beim Pferd

Zu Beginn sind in Abbildung 1 die wichtigsten medizinischen Termini der Lage- und Richtungsbezeichnungen beim Pferd erklärt.

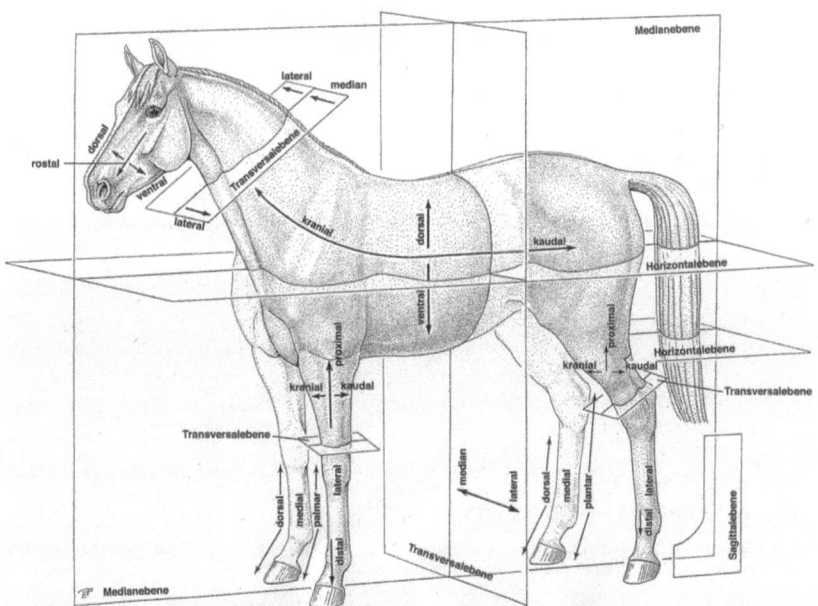

Abbildung 1 Lage- und Richtungsbezeichnungen beim Pferd nach Wissdorf et al. (1998)

2.2. Knöcherner Aufbau

Der Bau der Wirbelsäule (*Columna vertebralis*) spiegelt beim Pferd die spezielle Anpassung an die schnelle Fortbewegung zu Land wider. Stabilität überwiegt gegenüber freier Beweglichkeit und die Wirbelsäule bildet neben ihrer Schutzfunktion für das Rückenmark die knöcherne Körperachse. Ihre Aufgabe ist es, die Last des Rumpfes (besonders der Eingeweide), des Halses und Kopfes zu tragen sowie bei der Bewegung den Impuls der Hintergliedmaßen auf den übrigen Körper zu übertragen (Haussler, 1999).

Die Wirbelsäule besteht aus zahlreichen einzelnen Knochen, den Wirbeln (*Vertebrae*). Obwohl diese eine einheitliche Grundform besitzen, ist je nach Körperregion ihre Form und Größe verschieden.

Das Pferd besitzt 7 Halswirbel (C) und im Allgemeinen 18 Brustwirbel (Th) (Abbildung 2). Gelegentlich findet man nur 17, sehr selten 19 Brustwirbel. Man zählt meist 6 Lendenwirbel (L) (5-7), 5 Kreuzwirbel (S), und 15 – 21 Schwanzwirbel (Cy).

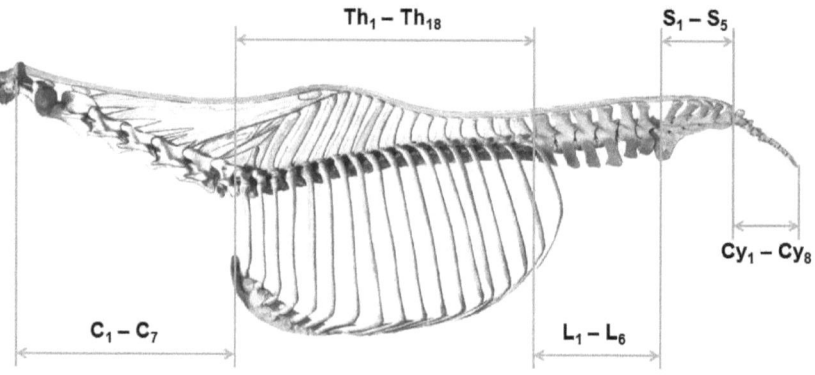

Abbildung 2 Komplette Wirbelsäule eines Pferdes

C ... Halswirbel; Th ... Brustwirbel; L ... Lendenwirbel; S ... Sakralwirbel; Cy ... Schwanzwirbel, wobei nur die ersten acht abgebildet sind; modifiziert aus Budras et al. (2003)

Da das biomechanische Modell von der Brustwirbelsäule bis zu den Sakralwirbel reicht, wurde auf eine detaillierte anatomische Beschreibung der Hals- und Schwanzwirbel verzichtet. Die ähnliche morphologische Beschaffenheit eines jeden Wirbels ist wie folgt aufgebaut (Abbildung 3):

1	Wirbelkörper (*Corpus vertebrae*)
2	kraniale Endfläche des Wirbelkörpers (*Extremitas cranialis*)
3	bauchseitige Leiste (*Crista ventralis*)
4	Bandleiste
5	Venenloch (*Foramen venae*)
6	Wirbelbogen (*Arcus vertebrae*)
7	Dornfortsatz (*Proc. spinosus*)
8	Querfortsätze (*Procc. transversi*)
9	kraniale Gelenkfortsätze (*Procc. articulares craniales*)
10	kaudale Gelenkfortsätze (*Procc. articulares caudales*)
11	kraniale Zitzenfortsätze (*Procc. mammillares*)
12	kaudale Hilfsfortsätze (*Procc. accessorii*)
13	Wirbelloch (*Foramen vertebrale*)
14	kraniale Wirbelbogeneinkerbung (*Inc. vertebralis cranialis*)
15	kaudale Wirbelbogeneinkerbung (*Inc. vertebralis caudalis*)

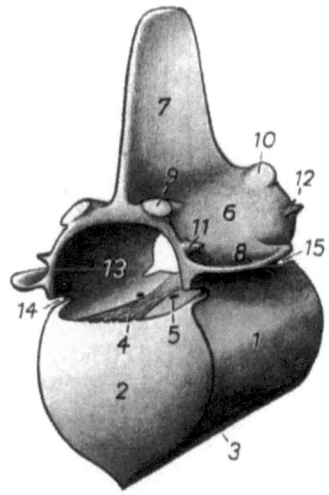

**Abbildung 3 Halbschema eines Wirbels
aus Nickel et al. (2001)**

2.2.1. Die Brustwirbelsäule

Die *Corpora vertebrae* sind in diesem Bereich kurz (durchschnittlich 5 cm). Am kürzesten ist der 11. Brustwirbel. Von hier aus nehmen sie nach kranial und kaudal hin an Länge etwas zu. Als besonderes Kennzeichen der Brustwirbelsäule (BWS) gelten die Rippengelenkflächen, *Foveae costales craniales et caudales* (Abbildung 4). Sie sind im kranialen Bereich der BWS tief und werden nach kaudal hin flacher.

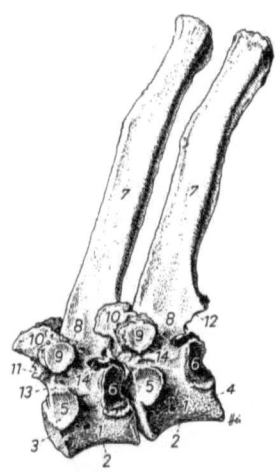

Abbildung 4 Zeichnung eines 8. und 9. Brustwirbels

1 Corpus vertebrae; 2 Crista ventralis; 3,4 Extremitas cranialis bzw. caudalis; 5,6 Fovea costalis cranialis bzw. caudalis; 7 Proc. spinosus; 8 Proc. transversus; 9 seine Fovea costalis; 10 Proc. mamillaris; 11, 12 Proc. articluaris cranialis bzw. caudalis; 13, 14 Inc. vertebralis cranialis bzw. caudalis; 14' For. intervertebrale (Nickel et al., 2001)

Die Beweglichkeit der einzelnen Wirbel zueinander nimmt nach kaudal hin ab. Die Ursache hierfür ist, dass die Gelenkflächen der *Procc. articulares* im kranialen Bereich tangential stehen, weiter kaudal drehen sie sich und stehen an den letzten beiden Brustwirbel (*Vertebrae thoraces*) sagittal (Jeffcott und Dalin, 1980; Townsend und Leach, 1984; Townsend et al., 1986; Townsend et al., 1983).

Die Dornfortsätze der kranialen BWS sind besonders kräftig ausgebildet und formen, bestehend aus den ersten zwölf Brustwirbel, den Widerrist. Die *Procc. spinosi* der ersten fünf Wirbel werden zunehmend länger. Laut Jeffcott (1975) ist der 6. Dornfortsatz der höchste und sie werden dann bis zum 8. Dornfortsatz allmählich und zum 12. Dornfortsatz rasch kürzer um dann gleichhoch mit denen der Lendenwirbel zu bleiben.

2.2.2. Die Lendenwirbelsäule

Die beginnende Bewegungseinschränkung der kaudalen Brustwirbel zueinander setzt sich in der Lendenwirbelsäule (LWS) fort. Ursache dafür ist die sagittale Stellung der Gelenkflächen und deren Übergreifen auf den Wirbelkörper. Die Querfortsätze stellen Rippenrudimente dar und werden deshalb auch als *Procc. costarii* bezeichnet. Sie sind an ihren Rändern scharfkantig und reichen weit nach lateral (Abbildung 5). Der erste Lendenwirbel trägt stets den kürzesten Querfortsatz, der Längste befindet sich am 3. oder 4. Lendenwirbel. Im Vergleich zu den Brustwirbel sind die Lumbalwirbel etwas länger und massiger und die Wirbelbögen bilden einen größeren Wirbelkanal, um dem im Lendenbereich anschwellenden Rückenmark Platz zu bieten.

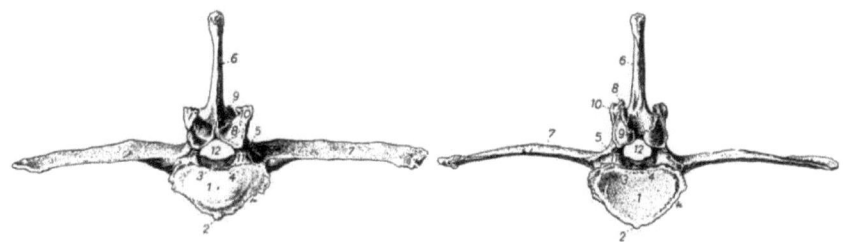

Abbildung 5 Zeichnung des dritten Lendenwirbels

Kranialansicht (li.) & Kaudalansicht (re.)
1 Corpus vertebrae; 2 Crista ventralis; 3 Bandleiste; 4 Venenloch; 5 Arcus vertebrae; 6 Proc. spinosus; 7 Proc. costalis seu transversus; 8, 9 Proc. articularis cranialis bzw. caudalis; 10 Proc. mamillaris; 11 Inc. vertebralis cranialis; 12 For. vertebrale (Nickel et al., 2001)

2.2.3. Das Kreuzbein

Das Pferd besitzt fünf Kreuzwirbel (*Vertebrae sacrales*), die aufgrund der Verknöcherung der Zwischenwirbelscheiben und Verbindung weiterer knöcherner Wirbelkonturen das Kreuzbein (*Os sacrum*) bilden. Bereits im 4. oder 5. Lebensjahr sind die Sakralwirbel fest verwachsen (Abbildung 6).

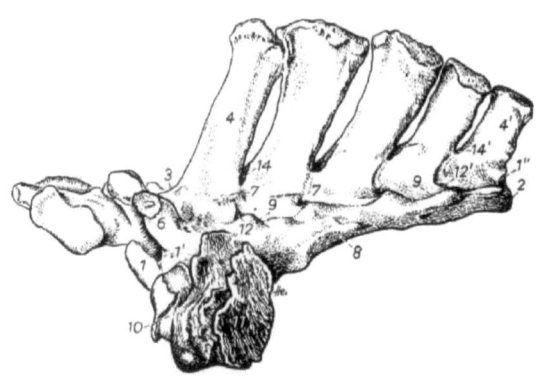

Abbildung 6 Zeichnung des Os Sacrum, linke kraniodorsale Ansicht

1 Extremitas cranialis; 1', 1" Inc. vertebralis cranialis bzw caudalis; 2 Extremitas caudalis; 3 Arcus vertebrae des ersten Kreuzwirbels; 4, 4' erster bzw. letzter Proc. spinosus; 6 Proc. articularis cranialis; 7 rudimentäre Procc. articulares; 8 Pars lateralis; 9 Crista sacralis lateralis; 10 Ala sacralis; 11 ihre Facies auricularis; 12, 12' linkes erstes bzw. letztes For. sacrale dorsale; 14, 14' erstes bzw. letztes Spatium interarcuale (Nickel et al., 2001)

Im Vergleich zu den Lendenwirbeln sind beim Kreuzbein die *Procc. spinosi* nach kaudal gerichtet. Ausschlaggebend dafür sind kräftige Gesäß- und Sitzbeinmuskel, die auf die Formung der Dornfortsätze große Einwirkung haben.

2.2.4. Das Becken

Es dient der Verbindung der Beckengliedmaßen mit dem Rumpf und besteht aus den beiden Hüftbeinen *Ossa coxae*. Während in der Jugend noch die Gliederung in je drei Knochen zu erkennen ist, nämlich in das kraniodorsal gelegene Darmbein (a), das kranioventral liegende Schambein (b) und das kaudoventral befindliche Sitzbein, sind diese beim erwachsenen Pferd in der Beckenpfanne (*Acetabulum*) miteinander verknöchert (Abbildung 7).

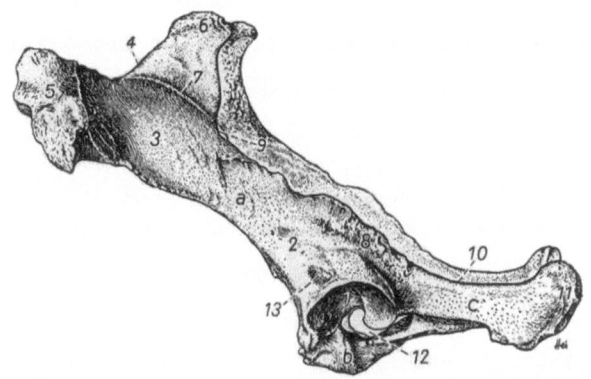

Abbildung 7 Zeichnung des Hüftknochens

a Os ilium; b Os pubis; c Os ischii; 1 Acetabulum; 2 Corpus ossis ilium; 3 Ala ossis ilium; 4 Crista ilica; 5 Tuber coxae; 6 Tuber sacrale; 7 Linea glutaea; 8 Spina ischiadica; 9 Inc. ischiadica major; 10 Inc. ischiadica minor; 11 Tuber ischiadicum; 12 For. obturatum; 13 Fossa muscularis (Nickel et al., 2001)

In die dorsal zwischen den Hüftbeinen bestehende Lücke legt sich das Kreuzbein von ventral her ein und stellt so unter Gelenkbildung mit dem Darmbein die Verbindung der Beckengliedmaßen mit der Wirbelsäule her. Die Hüftbeine und das Kreuzbein bilden zusammen mit den ersten Schwanzwirbel das knöcherne Becken (*Pelvis*).

2.3. Gelenke zwischen den Wirbelkörpern

Der Raum zwischen Wirbelkopf und Wirbelpfanne wird vollständig von den faserknorpeligen Zwischenwirbelscheiben (*Disci intervertebrales*) ausgefüllt, welche beim Pferd durchgehend fibrös und zumindest makroskopisch keine Bandscheibe (*Nucleus pulposus*) besitzen (Jeffcott und Dalin, 1980; Townsend et al., 1986). Speziell die axiale Rotation der Wirbelsäule wird durch die Wirbelbogengelenke (*Articulationes zygapophysiales*) eingeschränkt. Die Bewegung erfolgt hier parallel zu den ebenen Gelenkflächen. Diese bestimmen in erster Linie die Bewegungsrichtung, während die Bandscheiben mit dem umliegenden Bandapparat den Bewegungsumfang begrenzen (Salomon, 2004). Während die großen Gelenke mit Wirbelkopf und Wirbelpfanne ins Modell einflossen, wurden die Zygapophysialgelenke auf den Gelenkfortsätzen der Wirbel sowie das Gelenk zwischen Sakralwirbel und Hüftknochen nicht berücksichtigt.

2.4. Die Muskulatur

Jeffcott und Dalin (1980) teilen die Hauptmuskeln des Pferderückens in drei Gruppen ein:

oberflächlich gelegene Muskeln:
- *M. trapezius*
- *M. cutaneus*

tiefer gelegene Muskeln:
- *M. serratus dorsalis cranialis*
- *M. serratus dorsalis caudalis*
- *M. longissimus dorsi*
- *Mm. multifidi dorsi*
- *M. iliocostalis dorsalis*
- *M. intertransversalis lumborum*

sublumbale und mittlere gluteale Muskeln:
- *M. psoas minor*
- *M. psoas major*

- *M. iliacus*
- *M. quadratus lumborum*
- *M. glutealis medialis*

Der größte und damit wichtigste Rückenmuskel ist der *M. longissimus dorsi* (LD) (Jeffcott und Dalin, 1980). Da sich die Modellerstellung der Rückenmuskulatur in dieser Arbeit nur auf den LD bezieht, wird auf eine genauere Beschreibung der anderen Muskeln nicht weiter eingegangen.

Der *Longissimus dorsi* ist ein epaxialer Muskel. Sein Ursprung liegt an den *Procc. spinosi* des Kreuzbeines, der Lenden- und Brustwirbelkörper sowie am Darmbeinflügel, während die Ansätze an den *Procc. transversi* und Teilen der Rippen zu finden sind (Budras et al., 2003). Er liegt bilateral zu den dorsalen *Procc. spinosi* und dorsal zu den Rippen. Der Muskel entspringt am letzten Halswirbel (C7) und den ersten beiden Brustwirbel (Th1, Th2) durch kurze, flache Sehnen. Die mediolaterale Dimension des LD ist kleiner im kranialen Teil, während der Durchmesser bis zum Darmbeinflügel stetig zunimmt (von Scheven, 2010).

Die Hauptaufgabe des Muskels besteht darin, die Stabilität des Rückens während der Bewegung zu gewährleisten (Jeffcott und Dalin, 1980; Licka et al., 2009; Licka et al., 2004; Peham et al., 2001; Robert et al., 2001a; Robert et al., 2001b; Wakeling et al., 2007). Schlacher et al. (2004) haben die Steifigkeit des Pferderückens an Kadavern untersucht, deren Werte allerdings *in vivo* wesentlich höher sind aufgrund der Muskelaktivität des LD (Peham und Schobesberger, 2006). Eine Übersicht der Lage des LD gegenüber den restlichen Muskeln am Rücken zeigt Abbildung 8 vom hinteren Bereich der Rückenwirbelsäule links bis zum Widerrist rechts.

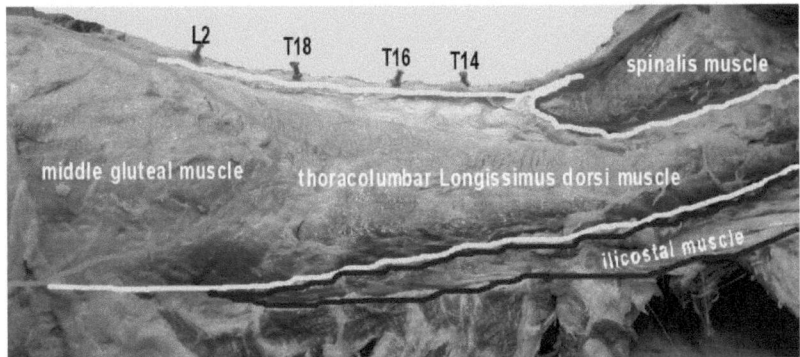

Abbildung 8 Muskulatur des Rückens nach von Scheven (2010)

Die anatomische Struktur des langen Rückenmuskels ermöglicht eine Extension, eine laterale Biegung sowie eine axiale Rotation der Wirbelsäule (Haussler, 1999). Besonders wichtig für die Modellerstellung des Muskels sind die Ausrichtungen der Muskelfasern sowie die Ursprungs- und Ansatzpunkte der Sehnenplatten. Die biomechanischen muskelspezifischen Parameter sowie die Einteilung des Muskels in die zwei Hauptbereiche werden in Kapitel 10 genauer beschrieben.

3. Biomechanik der Wirbelsäule

Der Rücken ist der zentrale Teil des Muskelskelettsystems und deshalb äußerst wichtig für die athletische Leistung des Pferdes. Zum besseren Verständnis der Rückenproblematik werden neben dem anatomischen Aufbau auch Kenntnisse über die Biomechanik der Brust- und Lendenwirbelsäule benötigt (Denoix, 1999). Die Diagnose „Rückenproblem" wird heutzutage häufiger gestellt als früher, wenn gleich umstritten ist, ob dies auf einen tatsächlichen Anstieg an Erkrankungen oder auf das zunehmende Bewusstsein für die Problematik „Rückenerkrankung" zurückzuführen ist (van Weeren, 2004).

Unter dem Begriff „Biomechanik" versteht man die Anwendung mechanischer Gesetze auf lebende Strukturen (Hatze, 1974). Zum Gebiet der Biomechanik gehört unter anderem die Dynamik, die wiederum in Kinematik und Kinetik unterteilt wird. Die Kinematik beschäftigt sich mit der Bewegung von Körpern, während in der Kinetik die Änderung des Bewegungszustandes durch einwirkende Kräfte behandelt wird.

3.1. Konstruktion des Rückens – Modellvorstellungen

Zum besseren Verständnis des funktionellen Rückenaufbaus wurden, beginnend Mitte des 19. Jahrhunderts, verschiedene Theorien entwickelt, in denen lange Zeit der Begriff einer Brückenkonstruktion Anwendung fand. So stellte Krüger (1939), beruhend auf der Arbeit von Bergmann (1847) und Zschokke (1892), die Konstruktionszeichnung einer nach dem Prinzip der Wirbelbrücke gebauten Brücke vor (Abbildung 9).

In dicken schwarzen Strichen sind die Teile der Brücke dargestellt, welche auf Druck beansprucht werden, in offenen Linien jene, die auf Zug beansprucht werden. Die Pfeile geben die Wirkungsrichtung der äußeren Kräfte an, während die Gliedmaßenpaare den vorderen und hinteren Brückenpfeiler darstellen. Laut Krüger (1939) ist die obere Gurtung (Muskel & Bänder) bei einwirkender Kraft einer Zugbelastung ausgesetzt, die untere Gurtung (Dornfortsätze & Wirbelkörper) muss Druckbelastungen kompensieren. Die Dornfortsätze entsprechen dabei den Streben der Brücke und verhindern bei Berührung ein Durchsacken der Konstruktion.

Da sich die *Procc. spinosi* im gesunden Pferderücken jedoch nicht berühren sollten, ist eine Beschreibung der Wirbelsäule in Form dieser Brückenkonstruktion nicht korrekt (van Weeren, 2004).

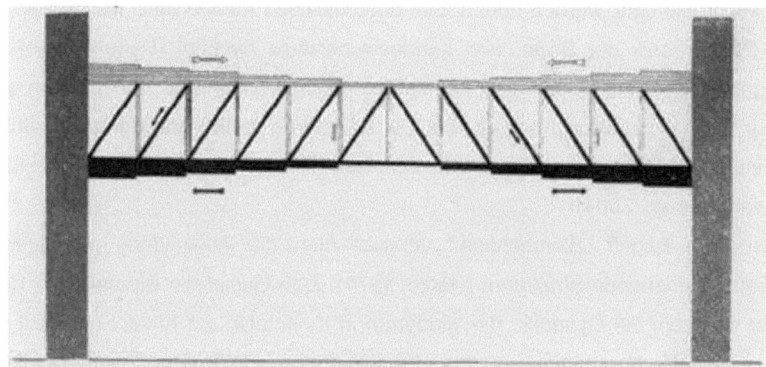

Abbildung 9 Konstruktion einer Wirbelbrücke nach Krüger (1939)

Während in der oben gezeigten Brückenkonstruktion nur der Rücken des Pferdes behandelt wurde, berücksichtigte Slijper (1946) in seiner Arbeit über eine Bogen-Sehnen-Brücke auch das Brustbein und die Bauchmuskulatur (Abbildung 10).
Obwohl bereits im Jahr 1789 erstmals von Barthez entworfen, wurde dieser Idee mehr als eineinhalb Jahrhunderte keine Beachtung geschenkt.

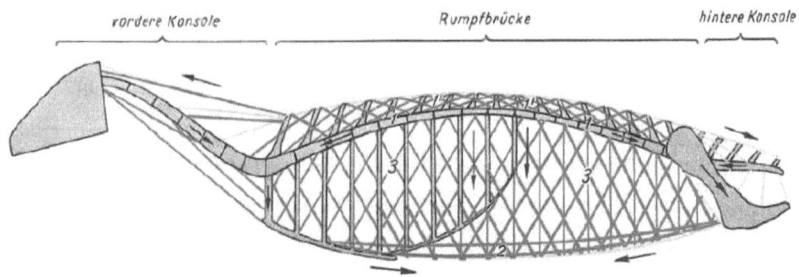

Abbildung 10 Konstruktion einer Rumpfbrücke

Grau: druckfeste Skelettteile: hellgrau: passive, dunkelgrau: aktive Verspannungen und Tragevorrichtungen aus zugfesten, teils aber auch elastischen Bändern sowie Muskeln und ihren Sehnen und Aponeurosen. 1 Untergurt; 1' Obergurt des Brückenbogens; 2 „Sehne", die die beiden Enden des „Bogens" verspannt; 3 Aufhängevorrichtung der „Sehne" am „Bogen" der Rumpfbrücke (Nickel et al., 2001)

Bei dem bis heute gültigen Konzept von Bogen und Sehne entsprechen Wirbelkörper und Zwischenwirbelscheiben dem druckfesten Bogen. Dorsal darauf bilden die Dornfortsätze und Teile der Wirbelbögen die Ansatzpunkte für die Ligg. interspinalia (Zwischendornenbänder), das Lig. supraspinale (Rückenband) sowie den M. longissimus, M. spinalis und Mm. multifidi. Die Bauchmuskeln, unter besonderer Berücksichtigung des M. rectus abdominis, bilden die Sehne dieses Brückenbogens. Während die Spannung des Bogens durch die Rippenmuskulatur und die Abdominalmuskeln erfolgt, ergibt sich die dorsalkonvexe Krümmung größtenteils aus der Spannung der Sehne auf Grund der Bauchdeckenmuskulatur. Die Druckverhältnisse sind im Vergleich zur geraden Wirbelbrücke umgekehrt, da die Zugelemente oben liegen und die Druckelemente unten. Die Procc. spinosi wirken als Muskelhebelarme (Seiferle und Frewein, 1992) und ihre Richtung wird durch die auf sie einwirkenden Kräfte bestimmt (Jeffcott, 1979a).

Die Bogensehnenbrücke hängt kranial zwischen den Schulterblättern, wodurch die Schubübertragung von der Hinterhand auf den Rumpf gewährleistet ist. Die Vordergliedmaßen unterstützen die Fortbewegung lediglich durch Stemmen und Abstützung des Rumpfes. Die indirekte, rein muskuläre Verbindung der Vordergliedmaßen mit dem Rumpf soll als Stoßdämpfer dienen und so das Übertragen von Erschütterungen beim Aufsetzen der Gliedmaßen auf das Gehirn verhindern (Koch und Berg, 1985).

Durch Heben und Senken des Kopfes kann der Körperschwerpunkt verlagert werden. Der Kopf- und Halsbereich macht etwa 30% des Gesamtkörpergewichtes aus und ist über Nacken- und Rückenband wesentlich an der Aufrechterhaltung der elastischen Spannung der Wirbelsäule beteiligt (Dämmrich et al., 1993). So kann die Spannung der Bogen-Sehnen-Konstruktion an jede Körperhaltung und jede Bewegungsphase angepasst werden (Jeffcott, 1979b). Untersuchungen von Fauquex aus dem Jahr 1982 bestätigten, dass die Abstandsänderungen zwischen den Dornfortsätzen sowohl durch die Haltung von Hals und Kopf als auch durch die Stellung der Gliedmaßen maßgeblich beeinflusst werden. Dies ist ein weiterer Beweis dafür, dass die Tragfähigkeit des Pferderückens mit Brückentheorien, die nur die Brust- und Lendenwirbelsäule einbeziehen, nicht befriedigend erklärt werden kann (Fauquex, 1982).

3.2. Krafteinwirkungen auf die Wirbelsäule

Die Wirbelsäule des Pferdes ist permanent Kräften ausgesetzt. Im Stehen wirkt die Kraft der Körpermasse am Schwerpunkt (CM) nach ventral (Abbildung 11). Durch den nach kranial gerichteten Zug der Nackenmuskeln (*Mm. spinales dorsi*) und den nach kaudal gerichteten Zug der Rückenmuskeln (*M. longissimus* und *Mm. multifidi*) werden die Wirbelkörper gegeneinander gepresst und wirken, durch eine Stabilisierung der Wirbelsäule, den dorsoventral gerichteten Kräften entgegen (Rooney, 1979).

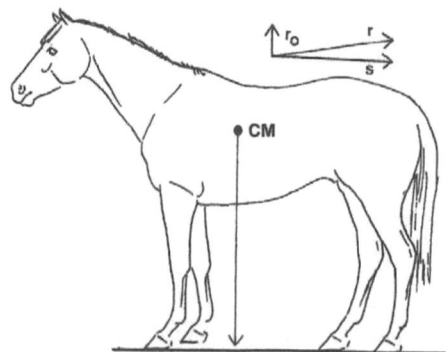

Abbildung 11 Körperschwerpunkt des Pferdes; modifiziert aus Rooney (1982)

In der Theorie von Rooney (1979) setzt sich die Muskelkraft, die der Schwerkraft entgegenwirkt, aus zwei Hauptkomponenten (Vektoren im Kräfteparallelogramm) zusammen. Dabei wird das Kreuzbein als Fixpunkt betrachtet, wodurch die Rückenmuskeln bei Kontraktion einen Zug r nach kaudodorsal ausüben können. Wie in Abbildung 11 ersichtlich, kann dieser Kraftvektor in zwei Komponenten zerlegt werden. Vektor r_0 zieht in Richtung dorsal und wirkt so der Dorsoflexion der Wirbelsäule entgegen. Vektor s zeigt nach kaudal, presst die Wirbelkörper gegeneinander und stabilisiert die Wirbelsäule.
Spiegelverkehrt dazu wird die Vordergliedmaße als Fixpunkt gesehen und die Nackenmuskulatur erzeugt einen resultierenden Kraftvektor nach kraniodorsal.
Die Kontraktionskräfte in den Rücken- und Nackenmuskeln sind stark von der Geschwindigkeit der Vorwärtsbewegung abhängig. Wenn sich das Pferd langsam bewegt, wird die Rückenmuskulatur nur mäßig kontrahiert, eine erhöhte Flexibilität

der Wirbelsäule ist die Folge. Bewegt sich das Pferd schneller, werden die Wirbel durch die erhöhten Kontraktionskräfte stärker aneinander gepresst und die Wirbelsäule wird starr und unbeweglich. Dies macht eine effektive Umsetzung der steigenden Antriebskraft der Hintergliedmaßen erst möglich (Licka et al., 2009; Licka et al., 2004).

3.3. Die Beweglichkeit der thorakolumbalen Wirbelsäule

Die Gesamtbewegung der Wirbelsäule setzt sich aus Einzelbewegungen in den Wirbelgelenken zusammen. Nach Townsend und Leach (1984) befindet sich zwischen zwei Wirbelkörpern ein „Drei-Gelenkkomplex", in dem das Hauptgelenk aus der Zwischenwirbelscheibe besteht und seitlich davon die beiden kleinen Wirbelgelenke liegen. Die drei Grundbewegungsarten sind in Abbildung 12 dargestellt.

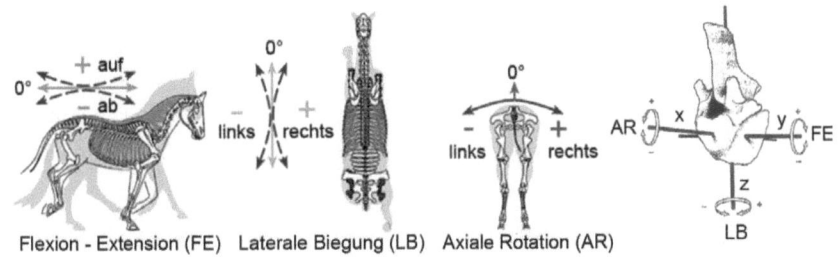

Flexion - Extension (FE) Laterale Biegung (LB) Axiale Rotation (AR)

Abbildung 12 Die drei Grundbewegungsarten; modifiziert aus Faber et al. (2001a) und van Weeren (2004)

In Abbildung 12 ist außerdem noch eine schematische Darstellung der Grundbewegungsarten in Form von Rotation eines einzelnen Wirbelkörpers innerhalb der drei Achsen eines orthogonalen Koordinatensystems dargestellt. Die axiale Rotation (AR) um die Längsachse der Wirbelsäule ist gleich der Drehung um die x-Achse. Die Ventro- und Dorsoflexion (FE) der Wirbelsäule wird als Rotation um die y-Achse und die laterale Biegung (LB) als Bewegung um die z-Achse dargestellt. Während FE und AR unabhängig voneinander stattfinden können, ist die laterale Biegung nur in Kombination mit axialer Rotation möglich (Townsend et al., 1983).

Aufgrund von Untersuchungen von Townsend und Leach (1984) über die Zusammenhänge zwischen Morphologie und Beweglichkeit der Wirbelgelenke an 21 Pferdewirbelsäulen, die von Hals, Thorax und jeglichem Weichteilgewebe befreit waren, kann man vier Regionen unterschiedlicher Beweglichkeit an der Brust- und Lendenwirbelsäule erkennen:

A) Th1 – Th2:

Das erste Brustwirbelgelenk hat große, radiale Gelenkflächen und eine dicke Zwischenwirbelscheibe. Da die kaudalen Gelenkflächen von Th1 und die kranialen Gelenkflächen von Th2 ineinander greifen, sind große dorsoventrale Bewegungen, jedoch nahezu keine axiale Rotation möglich.

B) Th2 – Th16:

In diesem Abschnitt sind die Gelenkflächen kleiner, relativ flach und tangential ausgerichtet, wodurch sowohl dorsoventrale Bewegung, als auch laterale Biegung und axiale Rotation möglich sind (Townsend und Leach, 1984). Durch die dünnen ovalen Zwischenwirbelscheiben und die starken Zwischenwirbelbänder ist die FE-Bewegung relativ gering (Townsend et al., 1986), während LB und AR in höherem Ausmaß möglich sind. Dabei zeigen die Gelenke von Th9 bis Th14 den größten Bewegungsraum (Townsend und Leach, 1984). Laut Jeffcott und Dalin (1980) kommt kaudal von Th13 keine deutliche laterale Biegung und bereits nach Th11 kaum axiale Rotation vor.

C) Th16 – L6:

Die radiale Orientierung der Zwischenwirbelgelenke und die Existenz von Gelenkfortsätzen führen zu einer allgemein geringen Beweglichkeit in der Lenden- und kaudalen Brustwirbelsäule. Diese Einschränkungen ermöglichen jedoch eine größere Stabilität.

D) L6 – S1:

Im Lumbosakralgelenk findet die größte dorsoventrale Bewegung der ganzen Wirbelsäule statt (Townsend und Leach, 1984). Grund dafür sind die kleinen Gelenkflächen, die dicken Zwischenwirbelscheiben, die große

Entfernung zwischen den beiden Dornfortsätzen und das nur schwach ausgebildete interspinale Bandgewebe (Jeffcott und Dalin, 1980; Kadau, 1991). Die laterale Biegung und die axiale Rotation werden durch die ovalen Zwischenwirbelscheiben, das Ineinandergreifen der Gelenkflächen und das Vorhandensein von Lateralgelenken eingeschränkt (Townsend et al., 1986).

In Tabelle 1 ist die Beweglichkeit der unterschiedlichen Bereiche von Brust- und Lendenwirbelsäule zusammengefasst.

Tabelle 1 Beweglichkeit der thorakolumbalen Wirbelsäule; modifiziert aus Townsend und Leach (1984)

Bereich	FE	AR	LB
Th1 – Th2	++	+	+
Th2 – Th16	+	+++	+++
Th16 – L6	+	+	+
L6 – S1	++++	+	+

Für die Erstellung des Modells der Pferdewirbelsäule musste jedes Gelenk individuell an die Bewegungsausmaße angepasst werden. Als Ausgangswerte dienten die Ergebnisse aus einer post-mortalen Studie von Townsend et al. aus dem Jahr 1983. Dabei wurden bei 18 Wirbelsäulen von Pferden unterschiedlichen Alters (4 – 28 Jahren) und verschiedener Rassen, vor und nach der Entfernung des Brustkorbes, der Spielraum der drei Grundbewegungsarten in jedem Gelenk vermessen. Die thorakolumbalen und sakralen Wirbelkörper wurden innerhalb von 24 Stunden nach Eintreten des Todes für die Messungen freigelegt, indem jegliches Muskelgewebe ohne Beschädigung der Gelenkkapseln sowie des interspinalen Bandapparates entfernt wurde. Nach der Präparation wurden rostfreie Stahlnägel (3 x 300 mm) in die Basis der dorsalen Dornfortsätze der 18 Brust- und 6 Lendenwirbelkörper gesetzt. Der Referenznagel war im ersten Sakralwirbel verankert. Durch das Einführen eines 1500 mm langen und 9 mm dicken Stahlrohrs in den Wirbelkanal wurde jegliche laterale Biegung und dorsoventrale Bewegung unterbunden. Der erste Brustwirbel wurde per Hand mit aller Kraft abwechselnd zweimal in jede Richtung bis zum Anschlag gedreht und die Verdrehung der Pins gegenüber der Referenzmarke fotografisch festgehalten. Für die Untersuchungen der dorsoventralen Bewegung wurde die Fixierung im Wirbelkanal entfernt, die Kraft aber auch manuell eingeleitet. Anders als bei den beiden ersten Messungen wurden für die Lateralbewegung die Nägel an der linken seitlichen Oberfläche im rechten Winkel zu den Dornfortsätzen platziert. Die Resultate der Untersuchungen sind in Abbildung 13, Abbildung 14 und Abbildung 15 ersichtlich.

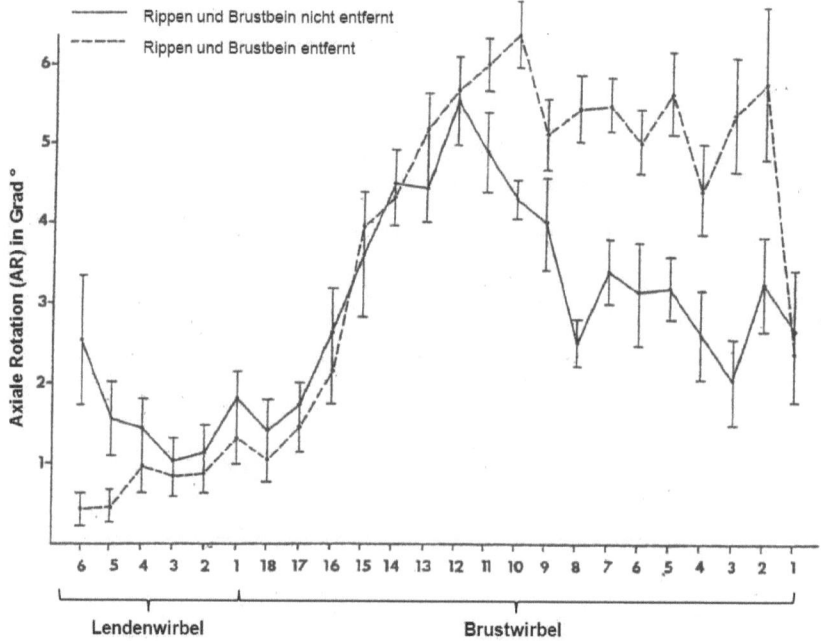

Abbildung 13 Axiale Rotation der Wirbel in Grad [°] zueinander in der thorakolumbalen Wirbelsäule; modifiziert aus Townsend et al. (1983)

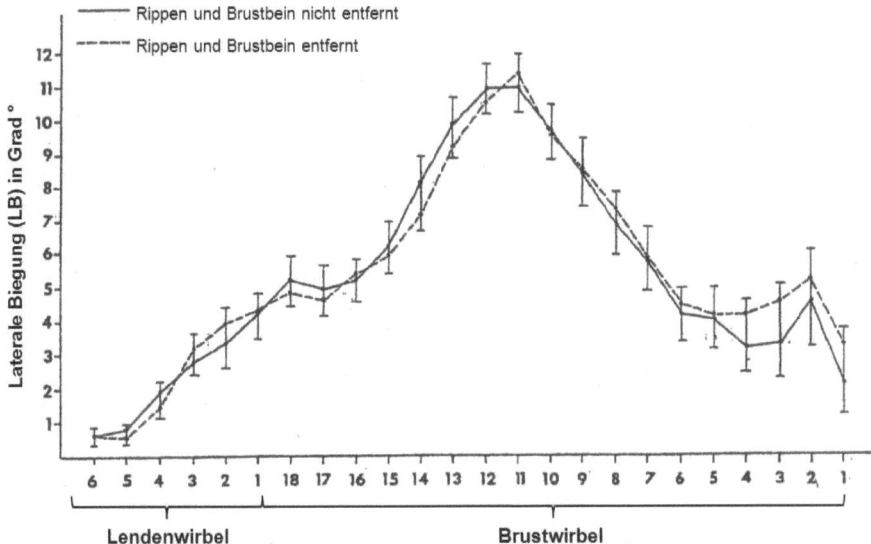

Abbildung 14 Laterale Biegung der Wirbel in Grad [°] zueinander in der thorakolumbalen Wirbelsäule; modifiziert aus Townsend et al. (1983)

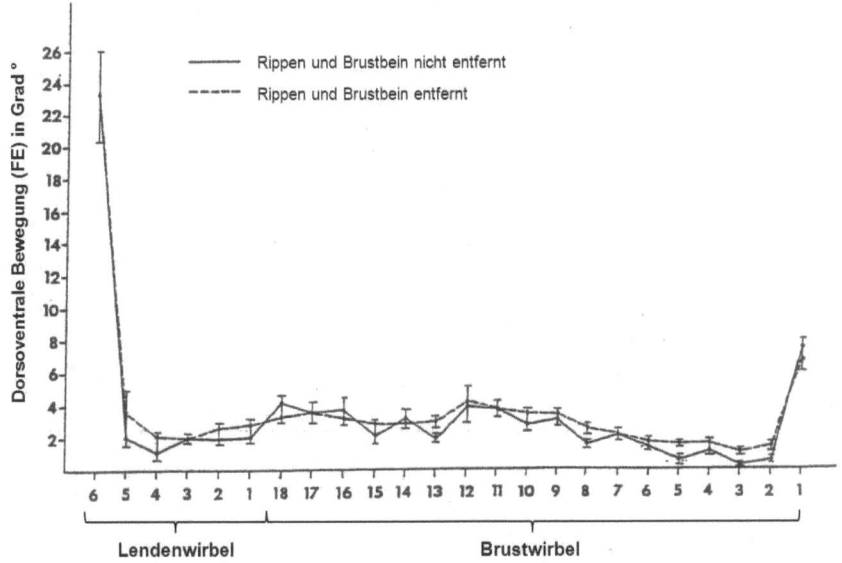

Abbildung 15 Dorsoventrale Bewegung der Wirbel in Grad [°] zueinander in der thorakolumbalen Wirbelsäule; modifiziert aus Townsend et al. (1983)

Wie zu Beginn von diesem Abschnitt bereits erwähnt, ist eine laterale Biegung nur in Verbindung mit axialer Rotation möglich. Abhängig von der Größe, der Form und Orientierung der Gelenkfacetten tritt dieses Phänomen auch bei der menschlichen Wirbelsäule auf (Panjabi, 1977).

Die oben gezeigten Bewegungsfreiheiten der Wirbelkörper zueinander bildeten die Grundlage für das Ausmaß an Bewegungen in den modellierten Gelenken.

4. Biomechanik der Muskulatur

Zu Beginn dieses Kapitels erfolgt eine Einführung in die Grundlagen der Muskelphysiologie. Danach werden die wichtigsten biomechanischen Eigenschaften von Muskel- und Sehnengewebe behandelt. Außerdem werden die Eigenschaften eines Muskels im Modell beschrieben, und welche Vereinfachungen und Einflussgrößen bei der Muskelmodellerstellung in der Software für Simulationen von Muskelskelettsystemen notwendig sind.

4.1. Physiologie des Muskels

Die Skelettmuskulatur liefert die Kraft, die notwendig ist um einerseits das Gewicht des Körpers zu tragen (statische Muskelarbeit) und andererseits Knochen bzw. Körpersegmente zu bewegen (dynamische Muskelarbeit). Sie ist also für die Fortbewegung von Mensch und Tier essentiell.

Der Skelettmuskel besteht aus Bindegewebe und dem kontraktilen Muskelgewebe. Das Bindegewebe im Muskelbauch bietet dem Muskelgewebe Schutz bei Kontraktion und Dehnung. Es überträgt auch die Kraft der Kontraktion von einer Faser auf die andere und initiiert diese wiederum auf die Sehne und letztendlich auf den Knochen, um, statisch oder dynamisch, Arbeit zu leisten. Wie in Abbildung 16 nach Keene (1986), besteht ein Muskel (A) aus vielen Muskelfaszikeln (B), die sich wiederum aus mehreren Muskelfasern (C) zusammensetzen. Diese Muskelfasern sind im Muskelbauch überwiegend parallel angeordnet und können eine Länge von mehreren Zentimetern und einen Durchmesser von 10 bis 100 µm erreichen (Liebich, 1998). Die genaue Größe der einzelnen Muskelfasern hängt von der Spezies, dem Muskel und von der körperlichen Verfassung des Individuums ab (Hermanson und Evans, 1993).

Jede Muskelfaser enthält mikroskopisch gesehen viele Myofibrillen (D). Zwischen zwei benachbarten Z-Scheiben in den Myofibrillen liegt ein Sarkomer (E). Hier befinden sich die dicken Myosinfilamente (L) und die dünnen Aktinfilamente (K). F, G, H und I sind Querschnitte durch ein Sarkomer und zeigen die räumliche Anordnung der Aktin- und Myosinfilamente.

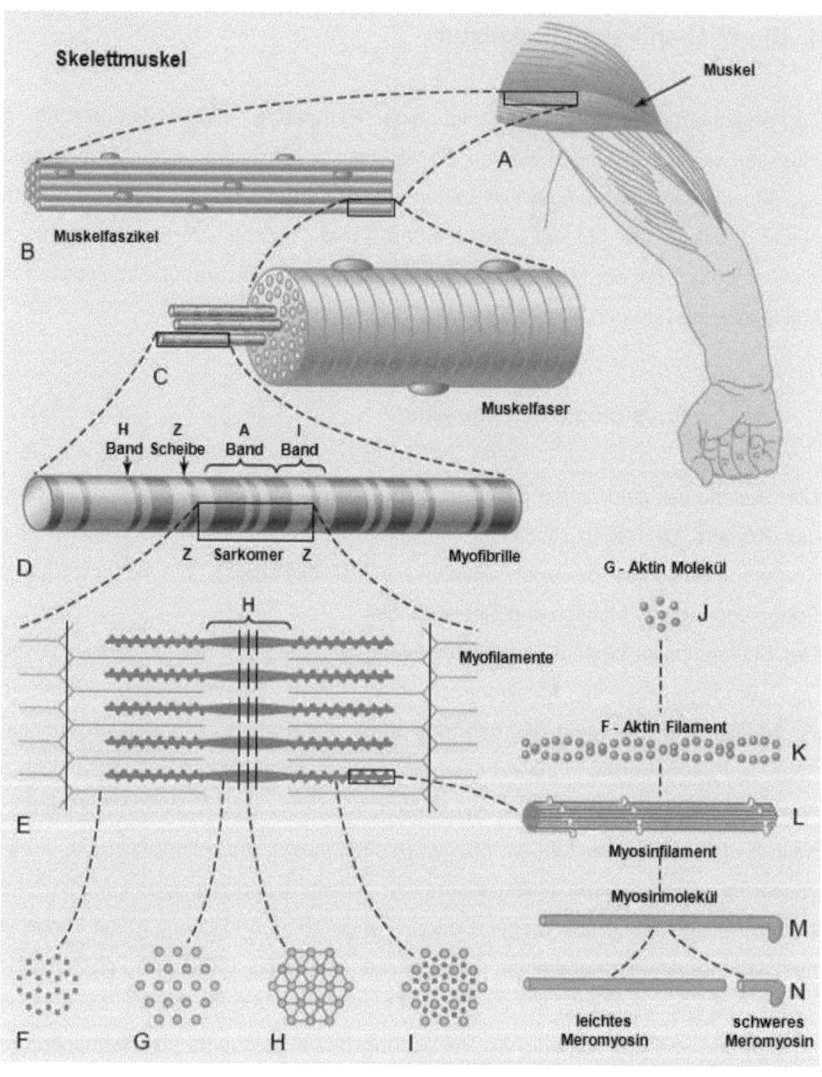

Abbildung 16 Makro- und mikroskopische Struktur eines Skelettmuskels, modifiziert aus Keene (1986)

Neben den übergeordneten Muskelstrukturen ist auch jede Muskelzelle einzeln von Bindegewebe umgeben. Es enthält Nervenzellen, die zu den Muskelzellen führen und ihre Versorgung sicherstellen. Elektrische Impulse des zentralen Nervensystems, verantwortlich für die bewusste Steuerung der Muskeln, werden über die Zellwand der Muskelzellen an die Myofibrillen weitergegeben. Die Aktivität

(Stimulus) und damit auch die Krafterzeugung des Muskels werden von der Frequenz der Nervenimpulse und ihrem zeitlichen Verlauf bestimmt. Bei steigendem Stimulus werden einerseits mehr Muskelfasern aktiviert und andererseits erzeugen diese auch mehr Kraft (Prochel, 2009). Der Zusammenhang zwischen Stimulus und Muskelaktivierung in Abhängigkeit von der Zeit, die die Muskelkraftentwicklung beeinflusst, wird als Aktivierungsdynamik des Muskels bezeichnet.

Erreicht ein elektrischer Impuls die Muskelzelle, wird über die Zellwand Ca^{2+} ins Zellinnere freigesetzt. Die Myosinköpfe binden sich an die Aktinelemente und knicken durch eine gelenkartige Bewegung ab. Dadurch zieht der Myosinkopf das Aktinelement unter Energieverbrauch ein Stück zur Mitte des Myosinfilaments. Sobald die Ca^{2+}-Konzentration wieder sinkt, werden die Myosinköpfe gelöst und erneut gespannt. Auch dafür ist Energie erforderlich. Da die Ausschüttung der Ca^{2+}-Konzentration schneller (10-20 ms) als das Abpumpen (40-50 ms) erfolgt, kann sich die Aktivierung, als Antwort auf eine sprunghaft eingesetzte Stimulation, erst mit einer gewissen Verzögerung aufbauen.

Ein einzelner Gleitzyklus verkürzt ein Sarkomer zwar nur um 5 - 15 nm, durch eine große Anzahl an Sarkomere ist aber eine markante Längenänderung möglich (Seiferle und Frewein, 1992). Da an beiden Enden der Myosinfilamente Bindungen erfolgen, kommt es im kontrahierten Zustand zur Überlappung der Aktin- und Myosinfilamente.

Ein Muskel lässt sich als Ansammlung vieler paralleler Muskelfasern beschreiben, in dem alle Fasern entweder in derselben Richtung wie die Sehne liegen oder unter einem Winkel α > 0 zur Sehne gefiedert sind (Abbildung 17).

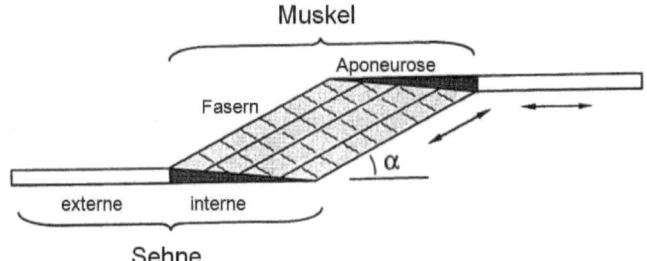

Abbildung 17 Muskel-Sehnen-Komplex mit Fiederungswinkel α, modifiziert aus Zajac (1989)

Die Muskelfasern in Abbildung 17 sind hellgrau gehalten und über die Aponeurose mit der Sehne verbunden. Durch Abweichungen α der Muskelfasern von der

Sehnenausrichtung sind auch komplexe Muskelarchitekturen (mehrköpfig, mehrbäuchig oder ein- und mehrfach gefiedert) möglich. Neben den makroskopisch anatomischen Unterschieden zwischen den Muskeln sind auch die physikalischen Eigenschaften der Skelettmuskulatur vielseitig. Die zwei wichtigsten Relationen der Muskeln sind dabei die Kraft-Längen-Funktion sowie die Kraft-Geschwindigkeit-Relation (Nigg und Herzog, 1994).

4.2. Mechanisches Muskelmodell

Muskelmodelle existieren in den verschiedensten Variationen mit unterschiedlicher Komplexität. Für Bewegungssimulationen hat sich das „Drei-Komponenten-Hillmodell" (Abbildung 18) durchgesetzt (van den Bogert et al., 1998; Zajac, 1989). Es beschreibt die aktiven und passiven Eigenschaften einer Muskel-Sehnen-Einheit und besteht aus einem kontrahierenden Element CE und zwei nicht linear elastischen Elementen, nämlich dem parallel-elastischen Element PEE und dem seriell-elastischen Element SEE. CE repräsentiert die Muskelfasern und wird durch die Kraft-Längen- sowie die Kraft-Geschwindigkeitsrelation definiert. SEE simuliert die Sehnen und PEE beschreibt die passiven Eigenschaften des Muskels sowie des umliegenden Bindegewebes (Nigg und Herzog, 1994).

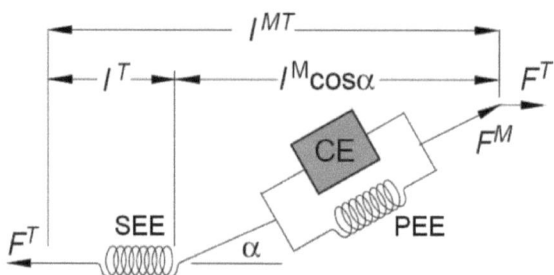

Abbildung 18 Drei-Komponenten-Hill-Modell aus Delp und Loan (2000)

Dem biomechanischen Ersatzmodell von einem Muskel mit Sehne liegt ein einfach gefiederter Muskel zugrunde (Daxner, 1997). Bei Mehrfachfiederung ist der Muskel in mehrere Muskelteile zu unterteilen.

Bei der Muskelmodellbildung durch das Drei-Komponenten-Hill-Modell werden stets folgende Vereinfachungen vorausgesetzt:

- alle parallelen Fasern haben die gleichen Eigenschaften und insertieren unter dem gleichen Winkel α in die Sehne
- das Muskelvolumen bleibt konstant, wodurch auch der physiologische Muskelquerschnitt aus Formel (2) unverändert bleibt
- es werden nur Zugkräfte übertragen
- jeder Muskel im Modell hat nur einen Ursprung- und einen Ansatzpunkt, (größere Muskel mit multiplen Ansätzen wie der *Longissimus dorsi* müssen aufgetrennt werden)
- Ermüdungserscheinungen, thermische Effekte und ähnliches werden nicht berücksichtigt (Daxner, 1997; Lugner et al., 2001)

4.3. Kraft-Längen-Verhältnis eines Muskels

Die statische Eigenschaft von Muskelgewebe wird durch die isometrische Kraft-Längen-Kurve beschrieben, die, zusammen mit dem Kraft-Geschwindigkeits-Verlauf eines Muskels, die allgemeine Funktion des kontrahierenden Elements CE im Hillschen Muskelmodell mitbestimmt. Diese Kurve (Abbildung 19) lässt sich bei konstantem Grad an Muskelaktivierung $a(t) = 1$ und unveränderter Muskellänge l^M zeigen.
Aktive Muskelkraft wird etwa im Bereich $0{,}5\ l_0^M < l_0^M < 1{,}5\ l_0^M$ erzeugt, wobei l_0^M die optimale Muskelfaserlänge repräsentiert, bei der auch die maximale isometrische Kraft F_0^M erzeugt werden kann (Gordon et al., 1966).

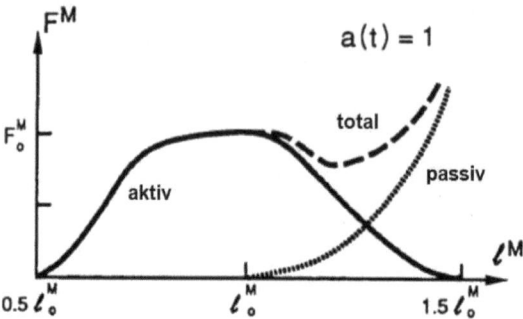

Abbildung 19 Isometrische Kraft-Längen-Relation eines Muskels, modifiziert aus Zajac (1989)

Die maximale isometrische Kraft F_0^M wird in der Regel mit der maximalen Muskelfaserspannung und dem physiologischen Muskelquerschnitt (PCSA (<u>P</u>hysiological <u>C</u>ross <u>S</u>ectional <u>A</u>rea)) abgeschätzt (Brand et al., 1986).

$$F_0^M = maximale\ Muskelfaserspannung\ \left[\frac{N}{cm^2}\right] * PCSA\ [cm^2] \tag{1}$$

Für die maximale Muskelfaserspannung sind in der Literatur Werte zwischen 25 N/cm² (Spector et al., 1980) und 148 N/cm² (Buchanan, 1995) zu finden. Der physiologische Muskelquerschnitt ergibt sich aus dem Muskelvolumen und seiner optimalen Muskelfaserlänge:

$$PCSA = \frac{Muskelvolumen[cm^3]}{optimale\ Muskelfaserlänge[cm]} \tag{2}$$

Die kürzeste Faserlänge, in der ein Muskel passive Kraft (Dehnungskraft) aufnehmen kann, liegt bei l_0^M. Die passive Kraft-Längen-Relation steigt zunächst langsam an und geht danach in eine exponentielle Steigung über (Abbildung 19). Die passive Muskelkraft wird im Hill-Modell im parallel-elastischen Element PEE berücksichtigt.

4.4. Kraft-Geschwindigkeit-Relation eines Muskels

Der Kraft-Geschwindigkeits-Verlauf eines Muskels ist, so wie auch die Kraft-Längenkurve, ein Resultat aus zahlreichen Experimenten von Muskelverkürzungen ohne Kraftänderung (isotonisch). Die Verkürzungsgeschwindigkeit während der Kontraktion wird gemessen und gegenüber der aufgebrachten Kraft, wie in Abbildung 20 zu sehen, aufgetragen (Abbott und Wilkie, 1953). Die Kraft, die ein Muskel erzeugen kann, hängt immer von der Anzahl an Aktin-Myosin-Verbindungen ab. Da es immer eine gewisse Zeit braucht bis die Bindungen, auch Crossbridges genannt, wieder hergestellt sind, kann bei einer hohen Verkürzungsgeschwindigkeit und einer schnellen Verschiebung der Aktin-Myosinfilamente gegeneinander nur eine geringe Anzahl an Crossbridges gleichzeitig aktiv sein und dadurch auch weniger Kraft generiert werden. Demnach kann bei geringer Kontraktionsgeschwindigkeit und einer großen Anzahl an Aktin-Myosin-Bindungen auch mehr Kraft aufgebracht werden (Silbernagl und Despopoulos, 2007).

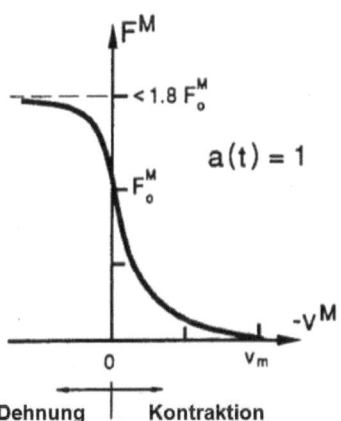

Abbildung 20 Kraft-Geschwindigkeits-Relation, modifiziert aus Zajac (1989)

Wenn die anliegende Kraft F^M größer als die maximale isometrische Kraft F_0^M wird, kommt es zu einer Dehnung der Muskelfaser. Isotonische Experimente haben gezeigt, dass bei steigender Last auch die Dehnungsgeschwindigkeit steigt, die maximale Last aber je nach Muskel mit 1,1 bis 1,8 F_0^M limitiert ist (Zajac, 1989).

Diese beiden fundamentalen Eigenschaften der Skelettmuskulatur machen deutlich warum alle Bewegungen, die durch Muskelarbeit hervorgerufen werden, in Geschwindigkeit und Intensität biomechanisch beschränkt sind, wie etwa die Schnelligkeit beim Laufen oder die Höhe und Weite beim Springen.

4.5. Kraft-Längen-Verhältnis einer Sehne

Die Sehne ist im Hillschen Muskelmodell mit dem seriell-elastischen Element SEE berücksichtigt. Da die Muskelkraft über Sehnen an die Knochensegmente weitergeleitet wird, müssen auch deren Eigenschaften berücksichtigt werden (Abbildung 21). Zu Beginn der Krafteinleitung gibt die Sehne kaum nach. Dann beginnt der lineare Dehnungsbereich bis die Sehne bei 10% Verlängerung zu reißen beginnt. Die Sehnenkraft F^T wird in Abhängigkeit von der maximalen isometrischen Muskelkraft F_0^M als normierte Sehnenkraft (F^T/F_0^M) herangezogen.

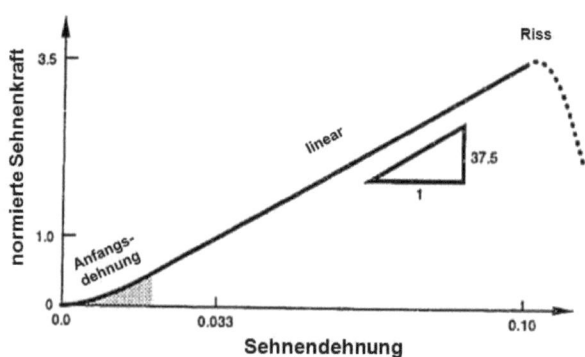

Abbildung 21 Verlauf der Kraft-Längen-Relation einer Sehne, modifiziert aus Delp (1990)

Die Sehnendehnung (($l^T - l_S^T$) / l_S^T) ist abhängig von der Länge der Sehne zum Zeitpunkt der ersten Kraftübertragung (Sehnen-Ruhelänge), auch Tendon Slack Length oder l_S^T genannt. Messungen haben ergeben, dass die Eigenschaften der externen und internen Sehne (Abbildung 17) identisch sind (Proske und Morgan, 1987).

5. Motion Capture

5.1. Grundlagen

Für dynamische Untersuchungen mit biomechanischen Modellen ist eine Schnittstelle zwischen der Bewegung der zu untersuchenden Pferdewirbelsäule (in vivo oder post mortem) und der digitalen Simulationsumgebung notwendig. Unter Motion Capture versteht man eine Technik, die es ermöglicht, Bewegungen so aufzuzeichnen und in ein von Computern lesbares Format umzuwandeln, dass diese einerseits analysiert und andererseits in generierte dreidimensionale Modelle übertragen werden können.

Die Schnittstelle dazu bilden sogenannte Marker, wobei zwischen aktiven (Infrarot-Dioden (IR), LED) und passiven retroreflektierenden Markern unterschieden wird. Entweder werden die Marker auf die Hautoberfläche geklebt oder direkt am Knochen fixiert. Die genauen Unterschiede zwischen beiden Möglichkeiten der Fixierung von Markern sind in Kapitel 6 näher beschrieben.

Während den Messungen erfassen Kameras bzw. Sensoren die Koordinaten der Marker in einem zuvor kalibrierten Raum. Mindestens zwei Kameras müssen dabei einen Marker erfassen, um daraus dessen Position im Raum errechnen zu können. Aktive Marker bestehen aus kleinen IR- oder Funksendern. Jeder Marker hat entweder eine eindeutige Kennung oder die Marker werden der Reihe nach aktiviert. Bei passiven Markern senden die Kameras infrarotes Licht aus, das von den retroreflektierenden Markern zurückgeworfen wird. Dabei werden die Marker durch ihre Positionen zueinander (Cluster von Markern, die vorher kalibriert wurden) oder ihre Lage am Körper unterschieden. Neben den bereits erwähnten Verfahren gibt es auch nichtoptische Methoden zur Bewegungserfassung. Mit Beschleunigungssensoren, die am Akteur anstelle der Marker befestigt sind, werden die Daten drahtlos an einen Rechner übermittelt, der die Werte auf ein Skelett überträgt. Bei der mechanischen Sensorik trägt der Akteur einen speziellen Anzug (Exoskelett), der an allen Gelenken mit Sensoren (z.B. Dehnmessstreifen) versehen ist. Die Daten werden meist kabelgebunden zu einem Rechner übertragen und dort weiter verarbeitet. Da die Mechanik dieses nichtoptischen Messverfahrens meist sehr komplex ist, ist es für Ganzkörperaufnahmen eher ungeeignet. Eine weitere Methode basiert auf Magnetfeldsensoren, die Veränderungen eines Magnetfeldes durch spezielle Marker registrieren und so deren Position berechnen können.

5.2. Messvorbereitungen

Für dreidimensionales Motion Capturing mit retroreflektierenden Markern sind mindestens zwei Kameras notwendig. Sie sollten in einem Winkel von 60° bis 120° zueinander aufgebaut werden, obwohl die größtmögliche Genauigkeit bei orthogonaler Positionierung erzielt wird (Woltring, 1980). Wenn allerdings nur zwei Kameras verwendet werden, kann es schnell passieren, dass die Marker nicht zu jedem Zeitpunkt von beiden Geräten erkannt werden. Daher ist es ratsam bei menschlichen Bewegungen mit mindestens vier Kameras und beim Pferd sogar mit mindestens sechs bis acht Kameras zu arbeiten (Abbildung 22).

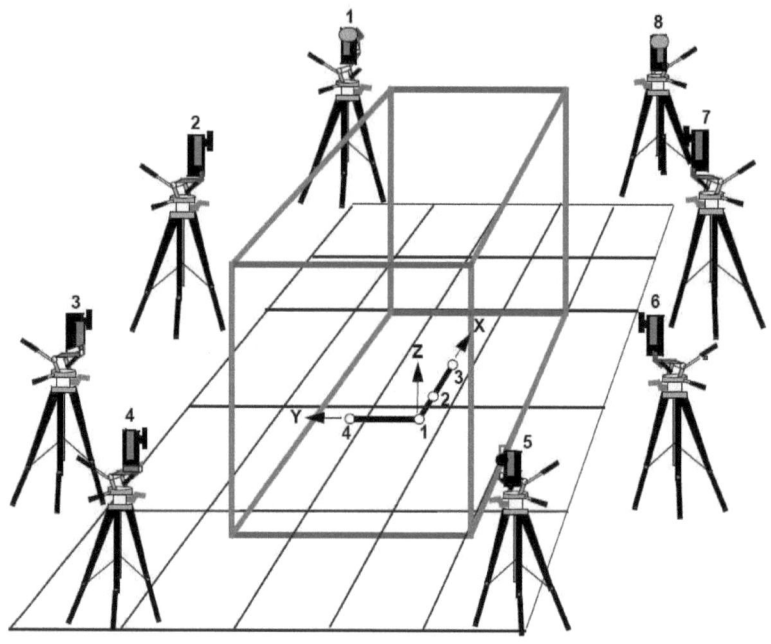

Abbildung 22 Schematische Anordnung von acht Kameras mit zentriertem Kalibrierrechteck (Cortex, 2008)

Gerade bei Messungen mit großen Tieren im Schritt oder Trab auf einem Laufband ist ein ausgedehnter Messbereich erforderlich. Je schneller die Bewegungsmuster sind, desto höher muss die Abtastrate der Kameras sein. Während bei der humanen Ganganalyse eine Abtastfrequenz von 50 Hz meist ausreicht, sollten für höhere

Geschwindigkeiten, speziell für Messungen von Bewegungen mit über 50 km/h am Pferdelaufband, mindestens 120 Hz eingesetzt werden.

Vor den Messungen müssen die Kameras statisch und dynamisch kalibriert werden. Der Kalibriervorgang beginnt allgemein mit der Platzierung eines L-förmigen Stabes in die Mitte des Abtastbereiches (Abbildung 22). Der bekannte Abstand der vier retroreflektierenden Marker zueinander ermöglicht es der Software die Position jeder Kamera im Raum zu bestimmen.

Bei der dynamischen Kalibrierung wird ein Kalibrierstab durch den gesamten Messbereich bewegt. Am Ende des Stabes sind drei Marker in einem bestimmten Abstand zueinander angebracht, wodurch sich die Position und Orientierung jeder Kamera noch genauer bestimmen lässt (Cortex, 2008).

5.3. Motion – Tracking

Nach den Messungen erfolgt die Bearbeitung der Motion Capture Daten in *Cortex 1.3* (Motion Analysis Corp., 2009). Hier werden alle Marker identifiziert und aus einer anfangs unübersichtlichen Punktewolke entsteht ein komplett überarbeitetes „Tracking-Skelett" (Abbildung 23). Die Querverbindungen im rechten Teil von Abbildung 23 dienen rein der visuellen Kontrolle und zeigen neben den vier Hufen die Konturen der Hüfte links und des Rückens mit jeweils drei Markern über verschiedenen Wirbel bis zum Widerrist rechts vorne. Nicht alle Reflexionen im linken Bild von Abbildung 23 waren während der Messung tatsächlich Marker.

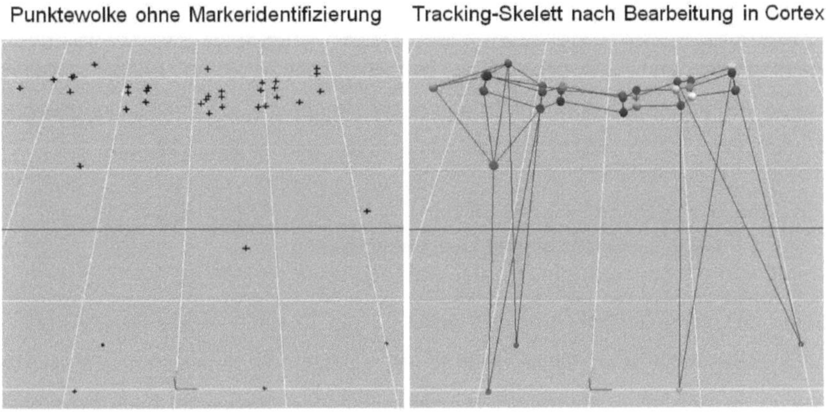

Abbildung 23 Nachbearbeitung der Messdaten in *Cortex*

Die bearbeiteten Daten werden als .trc-Dateien (TRC-Files, Track Row Column) gesichert. Das TRC-File ist eine ASCII-Datei und enthält, neben den Setupeinstellungen der Kamerasysteme (Framerate, Dauer der Messung, Anzahl der Marker), die Koordinaten der gemessenen Marker in X-, Y- und Z-Richtung.

In der Bewegungsanalyse werden häufig Filter eingesetzt, die ein gemessenes Signal abhängig von der Frequenz in der Amplitude und Phase verändern. So können unerwünschte Signalanteile abgeschwächt oder unterdrückt werden. In der Bewegungsanalyse wird in der Signalverarbeitung meist ein Butterworth-Filter eingesetzt. Hier handelt es sich um einen Tiefpassfilter, der alle Signalanteile unterhalb einer definierten Grenzfrequenz unverändert lässt und hohe Frequenzen eliminiert. Schnelle Bewegungen wie die eines Hufmarkers werden in der Regel mit 15 Hz, die restlichen Marker mit einem 10 Hz Butterworth-Filter bearbeitet.

5.4. Allgemeine Komplikationen zwischen Messung und Modell

In diesem Kapitel soll eine kurze Zusammenfassung der möglichen Fehlerquellen zwischen der Messung der gewünschten Bewegung mit reflektierenden Hautmarkern und der Analyse der Daten in der Simulationssoftware gegeben werden.

5.4.1. Rauschen

Bei allen Messungen kommt es zu Positionsabweichungen der Marker und zu Rauschen. Die Hauptquelle für Rauschen bei Bewegungsaufzeichnungen mit Hautmarkern sind Gewebeartefakte; ein Phänomen, das als Hautverschiebung bekannt ist (Cappozzo et al., 1996). Die Auswirkungen der Verschiebungen zwischen Marker und Knochen sind in den Kapiteln 6 und 9 genauer beschrieben.

5.4.2. Kinematische Überbestimmtheit

Jedes zu vermessende Segment sollte in der Regel mindestens drei Marker zugewiesen bekommen. Wenn diese Marker unabhängig voneinander auf die Haut geklebt werden, resultieren durch Hautverschiebungen insgesamt neun gemessene

Freiheitsgrade. Jedes Segment besitzt, sofern es als starr angenommen wird, aber nur sechs Freiheitsgrade (Andersen et al., 2009).

5.4.3. Kinematische Unterbestimmtheit

Auch wenn manche Segmente aus unterschiedlichen Gründen kinematisch überbestimmt sind (zu viele bzw. unabhängig geklebte Marker), kann es vorkommen, dass die Positionen gewisser Segmente nicht immer eindeutig bestimmt sind. Dies kann der Fall sein, wenn im Modell interne Segmente kinematisch mit einfließen, aber, aus welchen Gründen auch immer, zuvor bei den Messungen nicht mit Markern verfolgt werden konnten (Andersen et al., 2009). Auch dieses Phänomen ist mit seinen Folgen in Kapitel 9 genauer dokumentiert.

5.4.4. Fehlende Markersichtbarkeit

Ein allgemeines Problem bei kamerabasierten Motion Capture Verfahren ist das Auftreten von Messlöchern. Dieser Fall tritt ein, wenn die Sicht zwischen Kamera und Marker verdeckt ist, etwa durch Körperbewegungen. Eine Erhöhung der maximalen Kameraanzahl kann hier, bis zu einem gewissen Ausmaß, helfen.

6. In-vivo-Untersuchungsmethoden der Rückenkinematik

In diesem Teil der Dissertation werden die Grundlagen der in-vivo-Messmethoden von Rückenbewegungen beim Pferd mit retroreflektierenden Markern sowie deren Vor- und Nachteile nach der Beschreibung von van Weeren (2009) erläutert. Zusätzliche wichtige Arbeiten anderer Autoren in diesem Fachgebiet werden direkt im Text zitiert.

Während in den frühen 1970er Jahren die ersten Studien über kinematische Analysen der Bewegungen der Extremitäten beim Pferd erschienen (Fredericson und Drevemo, 1971), sollte es fast weitere drei Jahrzehnte dauern bis die ersten in-vivo-Arbeiten am Pferderücken veröffentlicht wurden. Eine mögliche Ursache war vermutlich die bis dahin fehlende Ausrüstung, so geringe Bewegungen, wie sie an der thorakolumbalen Wirbelsäule auftreten, ausreichend genau dokumentieren zu können.

6.1. Messtechnik basierend auf Hautmarkern

Die ersten Versuche die Rückenkinematik mit Hautmarkern in vivo zu messen, beschränkten sich auf FE-Bewegungen (Licka und Peham, 1998; Licka et al., 2001a; Licka et al., 2001b), weil diese im Allgemeinen am leichtesten messbar sind und die Hautverschiebungen am wenigsten die Ergebnisse beeinflussen. Audigié et al. (1999) setzten eine von Pourcelot et al. (1998) entwickelte Methode ein, in der fünf Hautmarker zwischen Widerrist und Hüfte medial platziert wurden, um die Winkel in der Brust- und der Lendenwirbelsäule sowie im Lumbosakralgelenk zu vermessen. Die Bewegungsfreiheit (*Range of Motion* (ROM)) aller drei Winkel war kleiner als 4°. Die Pferde streckten den Rücken am Anfang der diagonalen Standphase durch während am Ende der Standphase eine Flexion stattfand. Ein Vergleich der kinematischen Messungen mit elektromyografischen (EMG) Daten von Tokuriki et al. (1991) zeigte, dass die epaxiale Muskulatur die Bewegung in Flexion-Extension Richtung eher limitiert als verursacht. Zu einer ähnlichen Schlussfolgerung kamen auch Licka et al. (2004) im Rahmen ihrer EMG-Untersuchungen, in denen der *Longissimus dorsi* als Stabilisator der Wirbelsäule gegen jegliche dynamischen Kräfte wirkte. Licka und Peham (1998) verwendeten für ihre kinematischen Messungen im Stand Hautmarker über den Wirbeln Th5, Th10, Th16, L3 und dem

Os Sacrum. Eine reflexartige FE-Bewegung wurde durch ein kurzes aber kraftvolles manuelles Drücken in die Rückenmuskulatur zwischen Th10 und Th16 erzeugt. Für eine Biegung nach lateral wurde ein stumpfer Schlüssel seitlich in den *Longissimus dorsi* gedrückt, um auch hier durch einen myotatischen Reflex (Dehnreflex) eine Muskelkontraktion hervorzurufen (De Lahunta, 1983). Die Bewegungen von FE und LB wurden damals in Relation zur Widerristhöhe gesetzt. In einer Folgestudie von Peham et al. (2001), in der die gleichen Bewegungen im Stand ausgelöst wurden, kam neben einem ähnlichen Markersets (Th5, Th12, Th16, L3, S3) auch ein EMG-Messsytem zum Einsatz. Die beidseitig platzierten Oberflächenelektroden über dem *Longissimus dorsi* auf Höhe von Th12 erzielten dabei die höchste, auf Höhe L3 die niedrigste Amplitude.

Allgemein lässt sich sagen, dass bei Hautmarkern für kinematische Messungen jederzeit mit einem gewissen Maß an Hautverschiebungen zu rechnen ist. Die Haut kann nicht immer den Bewegungen des darunter liegenden Knochens exakt folgen. Während in der FE-Bewegung die Hautverschiebungen noch gering ausfallen, kann es bei der lateralen Biegung, die niemals ohne einen gewissen Anteil an axialer Rotation stattfindet, schon zu gröberen Abweichungen kommen (Denoix, 1999). Eine komplett verlustfreie Aufzeichnung der Bewegung der Wirbelknochen ist daher mit Hautmarkern leider nicht möglich.

6.2. Messtechnik basierend auf Knochenmarkern

Der einzige Weg Hautverschiebungen zwischen Marker und Knochen zu verhindern ist der Einsatz von Knochenmarkern. Bei dieser invasiven Methode wird eine feste Verbindung zwischen den zu messenden Knochen und den reflektierenden Markern hergestellt. Im Jahr 2000 wurden erstmals Steinmann Pins (Lyford III und Alvan Jones, 1942) in eine Reihe von Wirbelknochen beim Pferd gesetzt, deren freiliegenden Enden in Anlehnung an die drei Hauptachsenbewegungen mit einander verbunden und mit Dehnmessstreifen versehen waren, um schon geringste Verschiebung messen zu können (Haussler et al., 2000). Auch wenn diese Technik mit Auflösungen von 0,07° in FE sowie 0,5° in LB und AR sehr präzise Ergebnisse lieferte, war ein Einsatz an der gesamten Wirbelsäule sehr schwierig zu realisieren. Im Lumbosakralgelenk ist ein Bewegungsumfang von 4° für FE im Schritt dokumentiert, AR und LB wurden mit 1° angegeben. In einer Folgestudie (Haussler et al., 2001) wurde dieselbe Technik angewandt um die Segmentbewegungen bei Th14-16, L1-3 und L6-S2 im Schritt, Trab und Galopp zu messen. Der größte Bewegungsumfang von allen Rotationen war im Lumbosakralgelenk mit dem größten Wert im Galopp und dem geringsten Wert im Trab zu finden. Im Schnitt werden die Bewegungsfreiheiten für FE, LB und AR im Galopp mit ungefähr 5°, 3,5° und 4,5° angegeben. Eine ähnliche Technik mit Steinmann Pins verwendeten auch Faber et al. (2000). Die Pins wurden in die *Procc. spinosi* von Th6, Th10, Th13, Th17, L1, L3, L5, S3, sowie in beide *Tuber Coxae* gesetzt. Wie auch in Abbildung 24 skizziert, wurden an den Metallstiften dorsal reflektierende Marker (A-D) in Form eines Dreiecks angebracht.

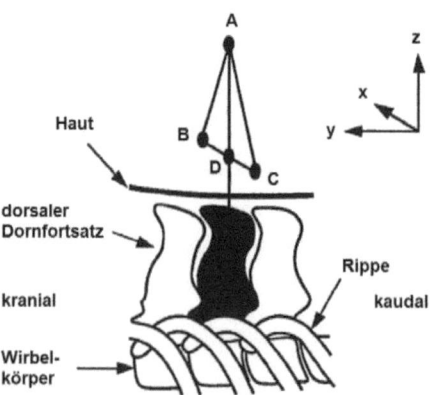

Abbildung 24 Knochenmarkerset nach Faber et al. (2000) mit Steinmann Pins

Um die Ausrichtung eines Wirbels zu jedem Zeitpunkt eindeutig bestimmen zu können, werden mindestens drei Marker benötigt (Faber et al., 1999). Mit dem neuen Markerset wurden zahlreiche Messungen am Laufband durchgeführt und die dreidimensionale Bewegung der Wirbelkörper in den drei Grundgangarten gemessen (Faber et al., 2001a; Faber et al., 2001b; Faber et al., 2000). Im Schritt war FE etwa 4° bei Th6 und konstant bei 8° weiter kaudal. LB war am größten auf Höhe Th10 und in der Hüftregion mit 5°, im zentralen Bereich der Wirbelsäule war die Bewegung mit etwa 3° weniger stark ausgeprägt. AR stieg kontinuierlich von Th6 mit 4° bis zur Hüfte auf 13° (Faber et al., 2000). Im Trab waren die Bewegungen in der Wirbelsäule erwartungsgemäß geringer. FE erstreckte sich von 2,8° bis 4,9°, LB von 1,9° bis 3,6° und AR von 3,1° bis 5,8° (Faber et al., 2001a). Im Galopp waren die maximalen Bewegungen für FE, LB und AR 15,8 ± 1,3°, 5,2 ± 0,7° und 7,8 ± 1,2° (Faber et al., 2001b).

7. Muskuloskeletale Modellbildung

Die Arbeit mit einem Modell, sei es von numerischer oder physikalischer Natur, ist eine außerordentlich wertvolle Methode für Techniker und Wissenschaftler um komplexe physikalische Phänomene besser zu verstehen, Systeme zu analysieren oder um Entwürfe und Konzepte vorab zu testen. Seit mehr als 30 Jahren revolutionieren Computermodelle die Arbeit in nahezu allen Bereichen der Technik und Wissenschaft und erlauben es dem Anwender in einer virtuellen Umgebung Informationen von oftmals gigantischer numerischer Komplexität in einfacherer Art und Weise zu verarbeiten.

Ein Modell gilt als Abbildung der Wirklichkeit und repräsentiert immer nur Teilaspekte eines Systems (Griffin, 2001). Ein Biomodell repliziert die Geometrie oder Morphologie von biologischen Strukturen, entweder computerbasiert oder in fester physikalischer Form (D'Urso et al., 1998; Lohfeld et al., 2005).

Für Modelle in digitaler Simulationsumgebung lassen sich zwei Arten unterscheiden. Ein *virtuelles* Biomodell hat die Aufgabe biologische Strukturen in angepasster Detailtreue zu visualisieren. So entstehen etwa dreidimensionale virtuelle Objekte anhand von computertomografischen Daten, welche möglichst genau dem Aufbau eines Knochen oder Muskels entsprechen oder aber mit geeigneter CAD (<u>C</u>omputer <u>A</u>ided <u>D</u>esign) Software absichtlich manipuliert werden können, um zum Beispiel Implantate und Prothesen zu entwerfen. Die Aufgabe eines *rechenbetonten* Biomodells liegt in der Ausführung von biomechanischen Analysen von biologischen Strukturen, wie etwa ein Finite-Elemente-Modell zur Ermittlung von Kraftverteilungen innerhalb einer knöchernen Struktur. Je nach Modellanforderung muss auf Materialeigenschaften und Form geachtet werden.

Virtuelle Biomodelle ermöglichen Computersimulationen von dynamischen muskuloskeletalen Systemen und sind ein wichtiges Werkzeug in der Biomechanik.

Der Einsatz von CAD-Software in der biomedizinischen Industrie reicht von der klinischen Medizin über das Designen von Implantaten bis hin zu Tissue Engineering (Lal und Sun, 2004).

Unterschiedliche Programme für muskuloskeletale Simulationen sind weit verbreitet und stehen sowohl als kostenpflichtige Firmensoftware als auch Open Source Projekte zu Verfügung. Ein Großteil der muskuloskeletalen Simulatoren basiert auf Algorithmen die ursprünglich für Robotersysteme entwickelt wurden. Als

Grundprinzip dienen Verkettungen aus starren Körpern, jeweils verbunden durch Gelenke. Diese starren Körper repräsentieren Körpersegmente. Muskeln können Kräfte auf die Segmente übertragen und über Hebelarme Momente in den Gelenken erzeugen. Beispiele solcher muskuloskeletalen Simulationssoftware sind *SIMM* (Delp und Loan, 1995; Delp und Loan, 2000; Delp et al., 1990), *AnyBody* (Any Body Tech., 2009), *MSMS* (Davoodi et al., 2007) und *OpenSim* (Delp et al., 2007).

Bei der Erstellung eines multielementaren Modells wird in der Regel angenommen, dass alle Knochen unendlich starr sind, die Gelenke werden als „ideal" angesehen, und Muskel-Sehnen-Verbindungen werden als eindimensionale Krafteinleitungen mit einem Ursprung und einem Ansatzpunkt betrachtet.

7.1. Konstruktion der Wirbelsegmente

7.1.1. CT-Aufnahmen

Als Informationsgrundlage für die Konstruktion der Wirbelkörper kamen computertomografische Aufnahmen einer Pferdewirbelsäule zum Einsatz. Im Gegensatz zum klassischen Röntgenverfahren, wo das abzubildende Gebilde von einer Röntgenquelle durchleuchtet und auf einem Röntgenfilm abgebildet wird, kreist bei der Computertomografie (CT) die Röntgenröhre um das betreffende Objekt. Auf diese Weise werden mehrere Bilder aus den unterschiedlichsten Winkeln erstellt, um so mittels komplizierter softwareunterstützter Rechenvorgänge Schnittbilder erzeugen zu können. Je genauer der gewünschte Bereich abgebildet werden soll, desto geringer wird der Abstand der einzelnen Schnittbilder gewählt.

Die CT-Aufnahmen der Wirbel entstanden an der Klinik für bildgebende Diagnostik an der Veterinärmedizinischen Universität (VMU) Wien im Juli 2007 unter der Leitung von Univ. Prof. Sibylle Kneissl. Da der Durchmesser des Spiral-CTs für den kompletten Rücken eines lebenden Pferdes nicht ausreichte, musste auf postmortem Material zurückgegriffen werden. Die Wirbelsäule eines Pferdes, dessen Tod nicht in Zusammenhang mit dieser Arbeit stand, wurde für die axialen Scans präpariert und dem maximalen Durchmesser des CT (*HiSpeed DX/i, General Electrics*) angepasst. Dafür musste der Hals des Pferdes zwischen C7 und Th1 abgetrennt und jegliches Gewebe ventral der Rückenwirbel entfernt werden. Neben der Beseitigung des Brustkorbes mussten auch Teile des *Tuber Coxae* abgeschnitten werden. Bei einer Röhrenspannung von 120 kV und einem Röhrenstrom von 60 mA entstanden 505 Schnittbilder (Th1 - Cy3) im Abstand von je 3 mm. Die Auflösung betrug 512 x 512 Bildpunkte bei einer Pixelgröße von 0,98 mm. Zur weiteren Bearbeitung wurden die Daten im *DICOM*-Format (*Digital Imaging and Communications in Medicine*) gespeichert. Ein erster Brustwirbel und ein Hüftknochen wurden nachträglich aus Archivbeständen des Instituts für Anatomie und Histologie der VMU Wien gescannt.

Für die Knochenmodellerstellung kam in den ersten Bearbeitungsschritten der *DICOM*-Viewer *eFilm* der Firma *Merge Healthcare* zum Einsatz. Bereitgestellt von der Klinik für bildgebende Diagnostik der VMU Wien, ist diese Software in der Lage alle Schnittbilder in einer Gesamtansicht darzustellen. Je heller ein Voxel dargestellt ist (Abbildung 25), desto mehr Strahlung ist lokal absorbiert worden.

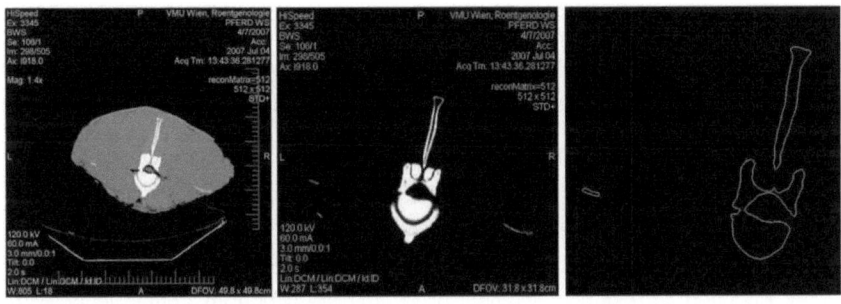

Abbildung 25 Erste Bearbeitungsschritte von der Anpassung der Grauwerte in *eFilm* bis zum Nachzeichnen der relevanten Konturen in *ME10*

Hell dargestellte Voxel lassen auf hartes Gewebe, wie etwa Knochen, schließen. Weiches Gewebe ist strahlendurchgängiger und wird dunkler angezeigt. Durch die manuelle Veränderung der Graustufenintensität ließ sich das harte Knochengewebe von den Weichteilen isolieren und so die Abgrenzungen der Wirbel leichter identifizieren. Nach der Anpassung von Kontrast, Schärfe und Zoomfaktor, waren durch die manuelle Wahl einer geeigneten Lage der Wirbel im *eFilm* die Positionsangaben in x- und y-Richtung somit automatisch für alle in 2D CAD Software gezeichneten Konturen festgelegt. Diese Positionsangaben blieben auch in der 3D CAD Software erhalten, was das Aufbauen der geschlossenen Konturen (Splines) übereinander in der richtigen Position erst möglich machte.

Nach Auswahl einer passenden Einstellung wurden alle Bilder in das *.tiff* Format (*tagged image file format*) exportiert.

7.1.2. Einsatz von 2D und 3D CAD Software

Da im späteren biomechanischen Modell der Pferdewirbelsäule nur die Oberflächen der Knochen benötigt wurden, war es ausreichend, allein die äußeren Konturen nachzuzeichnen. Auf den inneren Aufbau der Knochentrabekel, etwa für Finite Elemente Analysen (FEA), wurde verzichtet. Für die Erstellung der Skelettkonturen wurde das 2D CAD-System *ME10 V.10.50* (CoCreate Software GmbH, D) gewählt. Mit diesem CAD-Programm war es möglich die Bilder im *.tiff* Format zu importieren und weiter zu bearbeiten. Dieser Zwischenschritt war notwendig, weil das Importieren der *.tiff*-Bilder im CAD-Programm *CATIA* (*C*omputer *A*ided *T*hree-*D*imensional *I*nteractive *A*pplication) (Dassault Systèmes, F) das für die weitere dreidimensionale Bearbeitung zum Einsatz kam, nicht möglich war.

Bevor mit dem Nachzeichnen der Knochenschnitte begonnen werden konnte, musste in jedem Bild die Zugehörigkeit der Konturen geklärt werden, da es speziell im kranialen Bereich der Brustwirbelsäule bei axialen Scans Überschneidungen der langen, nach kaudal gerichteten Dornfortsätze in der Transversalebene gibt. So kann es vorkommen, dass bis zu vier benachbarte Wirbel in derselben Schnittebene auftauchen. In Abbildung 25 sind ausschließlich Teile eines einzigen Lendenwirbels markiert. Um Verwechslungen auszuschließen sollte für die Erstellung des benachbarten Wirbels das Schnittbild später erneut geladen werden. Da im Modell jeder Knochen ein eigenes Segment bildet, musste schon im Vorfeld jeder Wirbel einzeln konstruiert werden. Für die Oberflächenkonstruktion über alle Konturen in *CATIA* musste in *ME10* mit geschlossenen Splines gearbeitet werden. Die fertigen Konturen wurden als *.igs*-Dateien (*IGES*; *I*nitial *G*raphics *E*xchange *S*pecification) gespeichert. Dieses neutrale, herstellerunabhängige Datenformat dient dem digitalen Austausch von Informationen zwischen CAD Programmen.

Für die 3D-Erstellung der Wirbel wurde danach mit *CATIA V5R16* weiter gearbeitet. Die Beschreibung zur Konstruktion der Knochenmodelle wurde in zwei Schritte unterteilt:

- *Wireframe & Surface Design:*   Erstellung der Oberflächenkontur
- *Part & Assembly Design:*   Füllen der Umhüllungen & Entstehung eines Volumenkörpers, Zusammenbau der Wirbelsäule mit abschließender Kollisionskontrolle

7.1.2.1. Wireframe & Surface Design Modus

Ein neues *Part*-Fenster diente in *CATIA* als grundlegende Arbeitsoberfläche für die einzufügenden Wirbelkonturen. Die IGES-Dateien wurden einzeln geöffnet und die Konturen in die Arbeitsfläche kopiert. Dabei war zu beachten, dass keine der Splines eine Z-Koordinate aufwies (Z = 0). Jede neueingefügte Kontur musste um einen dem Schnittbild zugehörigen Abstand verschoben werden. Das Schnittbild in der ein Wirbel zum ersten Mal erkennbar war, diente als Basisebene. Jede weitere Kontur musste demnach in axialer Richtung Z an die gewählte Schnittdicke angepasst werden (*IGES_1*: Z = 0 mm; *IGES_2*: Z = 3 mm; *IGES_3*: Z = 6 mm; usw...). Nach dem Einfügen aller betreffenden Splines ließ das fertige „Knochenskelett" bereits die zukünftige dreidimensionale Oberflächenkontur erahnen (Abbildung 26).

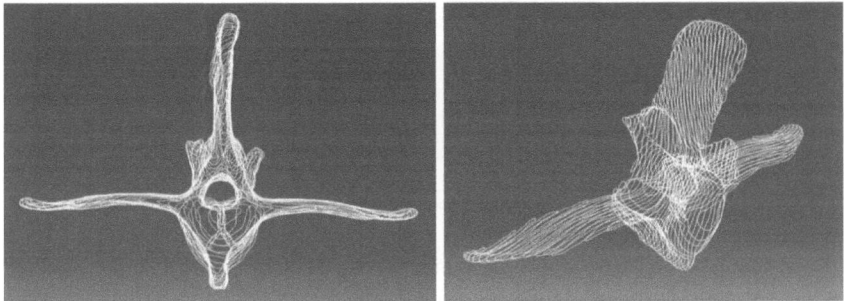

Abbildung 26 „Knochenskelett" eines Lendenwirbels nach der axialen Ausrichtung der Z-Koordinaten der geschlossenen Splines

Für das Erstellen der Oberflächenkontur wurde die Option *Fläche mit Mehrfachschnitten* benutzt. Wenn sich die benachbarten Splines nicht allzu sehr voneinander unterschieden, konnten auch mehrere Ebenen bzw. Konturen gleichzeitig bearbeitet werden. Allerdings war stets zu beachten, dass die Richtungspfeile aller Konturen in die gleiche Richtung zeigten (Abbildung 27), andernfalls wäre eine gleichmäßige Oberflächenberechnung nicht möglich gewesen.

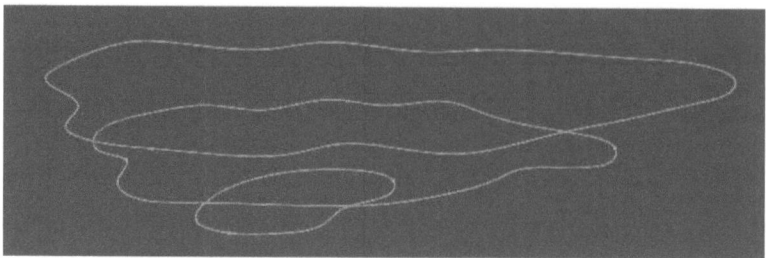

Abbildung 27 Konturen für Fläche mit Mehrfachschnitt in *CATIA*

In Abbildung 28 ist ein fertig umschlossenes Teilstück eines Wirbels zu erkennen.

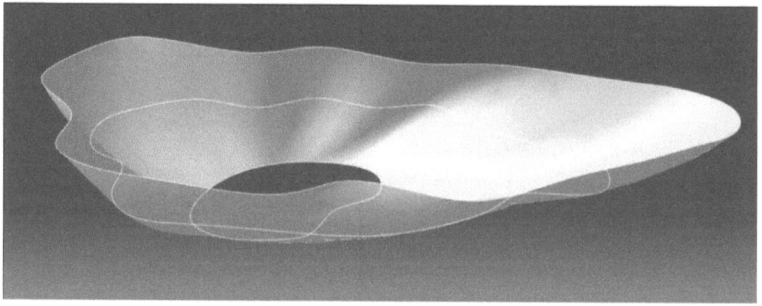

Abbildung 28 Fertige Fläche mit Mehrfachschnitt in *CATIA*

An einigen Stellen waren jedoch die benachbarten Konturen, etwa in ihren Umfängen oder Formationen, zu stark voneinander verschieden, dass entweder gravierende unnatürliche Oberflächenberechnungen entstanden (Abbildung 29) oder eine Erstellung der Oberfläche gar nicht möglich war. Um dem entgegenzuwirken, war es notwendig zwischen den Splines Führungselemente zu definieren, die *CATIA* zur Oberflächenerstellung als Orientierungshilfe verwenden konnte.

Unter Führungselementen versteht man Hilfsgeraden, die freidefinierbare Punkte an den beiden übereinanderliegenden Splines verbinden (Abbildung 30). Diese Punkte wurden idealerweise an Stellen platziert, deren Position in beiden Ebenen eindeutig zu bestimmen waren. Also beispielsweise an der Kante am Ende des *Proc. spinosus*, den Enden der *Procc. transversi* oder am untersten Rand der *Crista ventralis*.

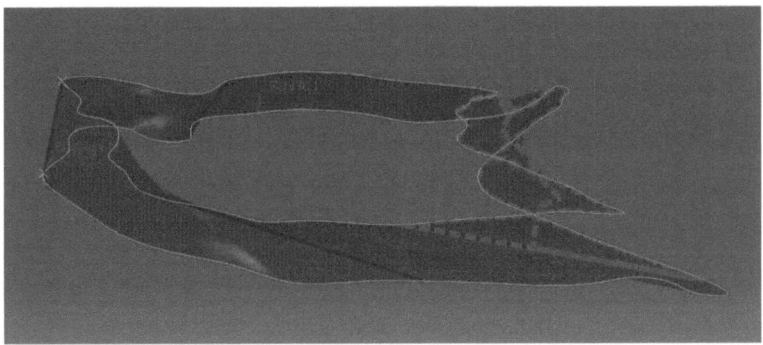

Abbildung 29 Fehler bei Flächenbildung zwischen zwei benachbarten Konturen unterschiedlichen Umfangs in *CATIA*

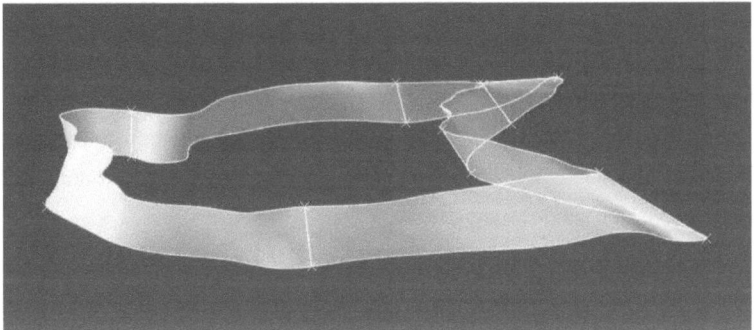

Abbildung 30 Korrekte Oberflächenbildung nach Einführen von Führungselementen in *CATIA*

An manchen Stellen am Wirbelknochen waren übereinanderliegende Splines derart verschieden, dass eine herkömmliche Umhüllung, wie oben beschrieben, selbst mit Hilfe von Führungselementen nicht realisierbar war. Dieser Fall trat zum Beispiel am oberen Wirbelbogen auf, wo sich die Kontur in zwei Gelenkfortsätze auftrennt. Die Aufteilung in zwei unterschiedliche Oberflächenkonturen konnte nur durch das Einfügen von Hilfssplines (Abbildung 31) gelöst werden. Dabei sollte die Zusatzkontur in der eingefügten Ebene mit der Kontur der Originalebene übereinstimmen, abgesehen natürlich von den freigewählten aber notwendigen Hilfssplines in der Mitte, um überstehende Kanten durch unterschiedliche Splines in derselben Ebene zu verhindern.

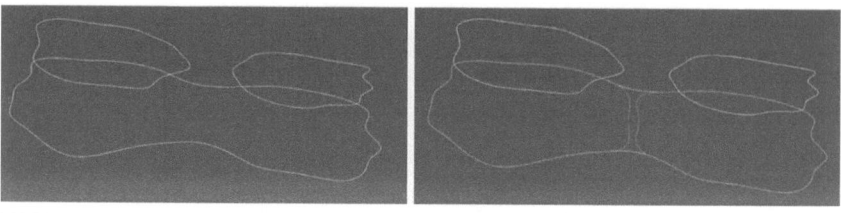

Abbildung 31 Einfügen von Zusatzsplines bei abzweigenden Konturen in *CATIA*

Die beiden Querverbindungen rechts in Abbildung 31 in der unteren Ebene waren frei gewählt und entsprachen daher nicht den korrekten Trennungslinien am realen Wirbel. Die Aufteilung in die beiden Gelenkfortsätze lag demnach im 3 mm breiten Bereich zwischen den einzelnen Aufnahmen. Da aber keine Informationen über die Oberflächenbeschaffenheit zwischen den einzelnen Scans zur Verfügung stand, musste durch diese Behelfslösung ein angenäherter Verlauf erstellt werden. Das Umhüllen von übereinander liegenden Splines war ohnehin immer nur eine Annäherung an die tatsächliche Oberfläche. Wegen der geringen Schnittdicke von 3 mm konnte die Abweichung der freigewählten Trennung von der natürlichen hier als vernachlässigbar angesehen werden.

7.1.2.2. *Part & Assembly Design Modus*

Sobald der gesamte Wirbel mit einzelnen Oberflächen fertig umhüllt war, konnte mit der Konstruktion eines einheitlichen Volumenkörpers begonnen werden. Dafür musste in *CATIA* in den *Part Design* Modus gewechselt werden. Hier konnte mit dem Befehl *Fläche schließen*, zu finden im Menü *Auf Flächen basierende Komponenten*, die Oberflächenkonturen gefüllt werden.

In manchen Fällen musste bei den gefüllten Volumina wieder ein Teil entfernt werden, zum Beispiel wie in Abbildung 32 ersichtlich beim Freischneiden des Wirbellochs. Verwendet wurde dafür der Befehl *Entfernter Volumenkörper mit Mehrfachschnitten* aus dem Menü *Auf Skizzen basierende Komponenten*. Hier erzeugt *CATIA* durch die Verbindung von zwei oder mehreren 2D-Profilen einen Abzugskörper.

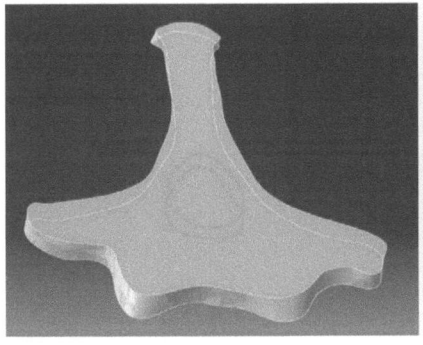 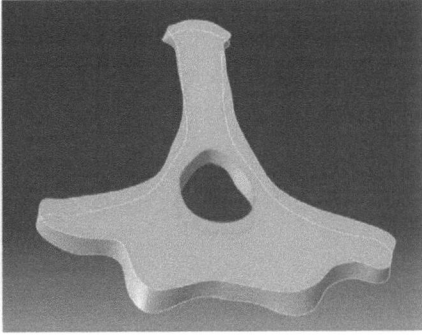

Abbildung 32 Geschlossener Volumenkörper vor und nach Verdecken der Oberflächenkonturen und Entfernen des Wirbelloches in *CATIA*

Ein weiterer wichtiger Arbeitsschritt war, nach dem Füllen des Körpers, das Verdecken der *Flächen mit Mehrfachschnitten*, da es sonst, wie in Abbildung 32 links zu erkennen, zu Grafikfehlern an den Rändern kommt.

Wenn alle Flächen geschlossen und der Wirbel fertig konstruiert war, konnte der Körper, für die weitere Verwendung außerhalb von *CATIA*, als .*stp*-Datei gespeichert werden. Das „*St*andard for the *E*xchange of *P*roduct model data"-Format (*STEP*) eignet sich gut für den Datenaustausch zwischen verschiedenen Systemen. Die .*stp*-Files wurden anschließend in das Konvertierungsprogramm *Polytrans* (Okino, 2008) geladen, die Oberfläche geglättet und als .*dxf*-Format (*D*ata *E*xchange *F*ormat) gespeichert, bevor es in *SIMM 4.2.* (*S*oftware für *I*nteractive *M*usculoskeletal *M*odeling) weiter verwendet werden konnte.

Für eine abschließende Qualitätskontrolle wurden alle Wirbel im *Assembly Design* Modus geladen und die gesamte Wirbelsäule aufgebaut (Abbildung 33). Da die Gelenkflächen der Wirbel in der realen Wirbelsäule stets sehr nahe aneinander liegen, musste ausgeschlossen werden, dass sich zwei geschlossene Flächen benachbarter Knochen nach der Oberflächenberechnung in *CATIA* überschnitten. Durch die Aufnahme der gesamten Rückenwirbelsäule in einem einzigen Scan war die Ausrichtung in der X- und Y-Koordinate jedes Wirbels identisch mit dem Pferdekadaver im CT. Daher musste nach dem Laden der Wirbel lediglich die axiale Komponente (Z) angepasst werden.

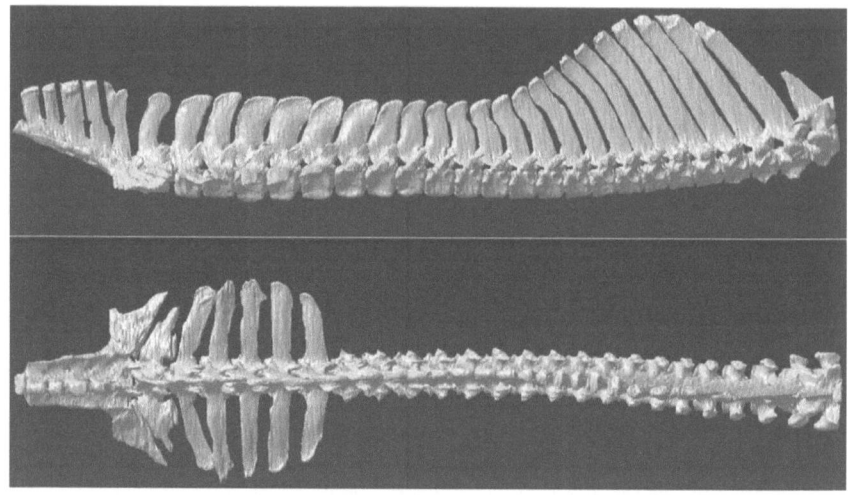

Abbildung 33 Ansicht der gesamten Wirbelsäule zur Kollisionskontrolle im Assembly Design Modus von rechts lateral und dorsal in *CATIA* aus Groesel et al. (2009)

Die Hüfte wurde nachträglich mit Hilfe von *ScanIP^{TM}* Software (Simpleware, 2009) konstruiert. Einige Zeit später entstand der erste Brustwirbel neu, da die kranialen Gelenkfortsätze beim Durchsägen von Hals und Rücken Schaden genommen hatten. Th1 wurde mit der Software *Mimics 13* (Materialise, 2009) modelliert. Da zu Beginn dieser Arbeit noch keine Lizenzen für medizinische Bildbearbeitungssoftware wie *ScanIP^{TM}* oder *Mimics* zur Verfügungen standen, musste auf CAD-Software gesetzt werden. *ScanIP^{TM}* und *Mimics* sind speziell für die Darstellung von medizinischen Abbildungen entwickelt worden. So lassen sich CT-Bilddaten in 3D-Modelle mit höchster Präzision mit wesentlich geringerem Aufwand umwandeln und unebene Oberflächen noch vor dem Export glätten.

7.2. Modellerstellung der Wirbelsäule in SIMM

Da der größte Teil der Wirbelsäule mittels CAD-Software konstruiert wurde, waren die Oberflächen der exportierten Knochenmodelle mit unnatürlichen Kanten versehen. Um im späteren Modell glatte Oberflächen für die Identifikation von Muskel- bzw. Sehnenansatzpunkten zu erhalten, wurden die .stp-Files in *PolyTrans* importiert und dort weiter bearbeitet. *PolyTrans* ist ein Tool zur Betrachtung, Optimierung und Konvertierung von verschiedensten 3D Datenformaten. Die

Knochenmodelle wurden geglättet und zur Verwendung in der Simulationssoftware im .asc-Format (ASCII, American Standard Code for Information Interchange) gespeichert. Für die Erstellung des biomechanischen Modells wurde auf SIMM 4.2. (Musculographics Inc., 2008) gesetzt, da diese Software speziell für die Modellentwicklung von biologischen Systemen geschrieben worden ist. So ist es möglich nahezu alle muskuloskeletalen Strukturen zu erstellen, zu modifizieren und zu evaluieren (Delp und Loan, 1995). SIMM wird in vielen biomechanischen Labors weltweit eingesetzt und erlaubt es exakte Knochengeometrien und Gelenkbewegungen in Modelle einzubinden, sowie Muskelkrafterzeugung und dynamische Bewegungen einfließen zu lassen. Neben Humanmodellen wurden auch schon ein Katzenhalsmodell (Statler et al., 1994), ein Froschmodell (Kargo et al., 2002; Kargo und Rome, 2002), ein Hundeellbogenmodell (Holler, 2011), ein Modell eines Pferdehalses (Zsoldos et al., 2010) und eines Pferdebeins (Zarucco et al., 2006), ein Modell einer Küchenschabe (Full und Ahn, 1995) und sogar ein Modell eines Tyrannosaurus Rex (Hutchinson et al., 2005) sowie anderen Tieren erstellt.

Ein SIMM-Modell besteht allgemein aus einer Reihe von Segmenten, die durch Gelenke miteinander verbunden sind. Muskel und Bänder können erstellt werden, die aktive oder passive Kräfte erzeugen und dadurch Bewegung in den Gelenken auslösen oder einschränken. Das Laden eines Modells erfordert Knochendaten (*.asc), ein Gelenkfile (*.jnt; joint file) und, wenn Muskeln und Bänder benötigt werden, ein Muskelfile (*.msl; muscle file). In Abbildung 34 ist die Struktur von SIMM grafisch zusammengefasst.

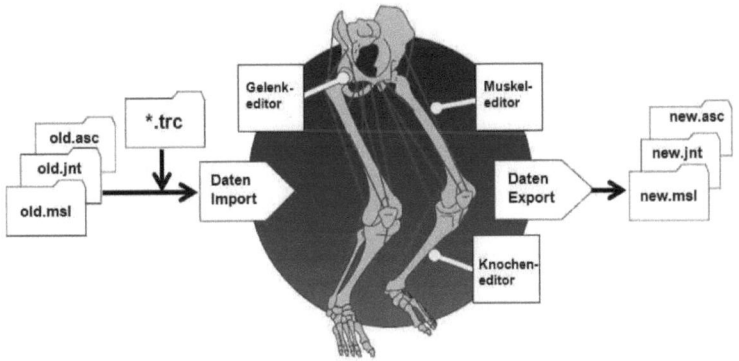

Abbildung 34 Struktur der muskuloskeletalen Modellerstellungssoftware SIMM, modifiziert aus Delp und Loan (2000)

Wenn dynamische Bewegungen simuliert werden sollen, muss auch ein .trc-File (ASCII) geladen werden. Diese Datei enthält kinematische Informationen und wird in Abschnitt 8.3 in der inversen Kinematik-Berechnung näher beschrieben.

Zu Beginn der Modellerstellung musste ein *.jnt-File (Jointfile) in einem Texteditor geschrieben werden, um die Oberflächenkonturen der Wirbel in SIMM integrieren zu können. Vor der Definierung der Gelenke und ihren Bewegungsfreiheiten wurde jedem zukünftigen Körpersegment per Hand ein dreidimensionales kartesisches Koordinatensystem zugeordnet. Wie in Abbildung 35 zu sehen, zeigt die positive X-Achse nach kranial, die positive Y-Achse nach links lateral und die positive Z-Achse nach dorsal. Der Einfachheit halber ist das Zentrum der Gelenkachsen gleichzeitig auch das Zentrum der Segmentachsen und befindet sich im Drehpunkt des vorderen Wirbelgelenks. Die Abweichung des Segmentkoordinatensystems vom eigentlichen Mittelpunkt des Körpers musste natürlich bei der Definition des Schwerpunktes berücksichtigt werden.

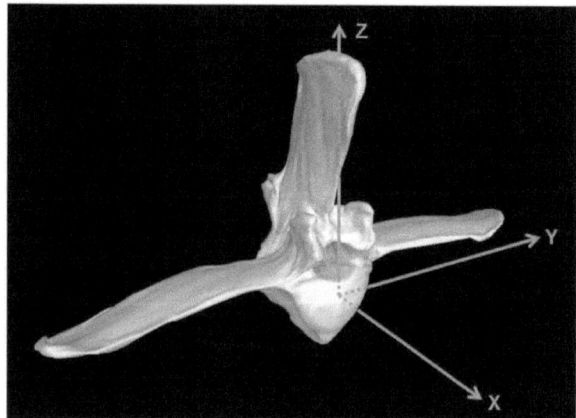

Abbildung 35 Gelenkachsendefinition im Gelenkmittelpunkt eines Lendenwirbelkörpers in SIMM
Die Achsen, original in SIMM durch dünne weiße Linien gekennzeichnet, sind zur besseren Veranschaulichung verändert worden

Ein Segment beinhaltet im Jointfile folgende Grundparameter (Abbildung 36):

```
beginsegment L6                                          /* Name des Segments       */
bone L6.asc                                              /* betreffender Knochen    */
mass 12.14600000                                         /* Masse [kg]              */
masscenter -0.02415000 0.00000000 -0.227639              /* Schwerpunktangabe [m]   */
inertia 0.5750000000 0.0000000000 0.0000000000           /* Trägheit [kg m²]        */
        0.0000000000 0.4270000000 0.0000000000
        0.0000000000 0.0000000000 0.1530000000
endsegment
```

Abbildung 36 Code für die Definition eines Segments in SIMM

Das zu Beginn manuell gesetzte Segmentkoordinatensystem wurde direkt im *.asc-File, in dem auch fortwährend alle Polygone, die die Oberfläche des Knochens bilden, gespeichert. Auch wenn für dynamische Simulationen die Segmentmasse, Schwerpunkt und Trägheit definiert werden können, so ist der Knochen in SIMM dennoch kein Volumenkörper. Die Knochen dienen in dieser Software nur zur Visualisierung und können daher niemals miteinander kollidieren. Ein Körpersegment kann auch aus mehreren Einzelknochen bestehen. In der Hüfte wurde auf ein Gelenk zwischen Os Sacrum und Hüftknochen verzichtet und so bildeten beide Knochen ein Großsegment.

Sobald alle Segmente ihr endgültiges Koordinatensystem erhalten haben, konnte mit dem Aufbau des Modells begonnen werden. Dafür mussten zwischen den Segmenten Gelenke geschaffen werden. Ein Gelenk definiert die Transformation (Position und Ausrichtung) eines Koordinatensystems gegenüber einem anderen. Diese Transformation besteht aus drei Translationen und drei Rotationen, zusammen sind maximal sechs Freiheitsgrade (FG; _Degrees of Freedom_ (DOF)) pro Gelenk möglich (Abbildung 37):

```
beginjoint L2-3                         /* Name des Gelenks                                      */
segments L2 L3                          /* Name der beinhalteten Segmente                        */
order t r2 r3 r1
axis1 1.000000 0.000000 0.000000        /* Rotationsachsendefinition                             */
axis2 0.000000 1.000000 0.000000
axis3 0.000000 0.000000 1.000000
tx constant -0.057000                   /*                                                       */
ty constant 0.000000                    /* Translationen [m] in X, Y und Z Richtung              */
tz constant 0.000000                    /*                                                       */
r1 function f9(L2_L3_AR)                /* Rotation um Achse 1 mit der kinemat. Funktion f9      */
r2 function f10(L3_L2_FE)               /* Rotation um Achse 2 mit der kinemat. Funktion f10     */
r3 function f11(L3_L2_LB)               /* Rotation um Achse 3 mit der kinemat. Funktion f11     */
endjoint
```

Abbildung 37 Code für die Definition eines Gelenks in SIMM

Da beim Pferd die Bewegungsfreiheiten der Wirbelgelenke im Vergleich zu anderen Gelenken im Körper eher gering sind, wurden „ideale" runde Gelenkdefinitionen bei allen Hauptachsen verwendet. Die Gelenkachsen der Zygapophysialgelenke mit rotatorischen und translatorischen Freiheitsgraden wurden nicht berücksichtigt. Mit _tx_, _ty_ und _tz_ wurden zunächst zwei benachbarte Segmente zueinander ausgerichtet. Da zuvor bei jedem Segment das Koordinatenzentrum möglichst zentral im Drehpunkt des kranialen Wirbelgelenks platziert wurde, musste für den Wirbelsäulenaufbau im Idealfall nur die axiale Komponente (_tx_) angepasst werden. Marginale Anpassungen zur Seite (_ty_) und in der Höhe (_tz_) eines Wirbels zum

nächsten waren jedoch durch das zuvor manuell gesetzte Koordinatensystem nicht auszuschließen. Mit *r1*, *r2* und *r3* wurden die Rotationen um die drei Hauptachsen definiert. Dabei waren jedem FG eine kinematische Funktion und der Grad an Bewegungsumfang (*Range of Motion* (ROM)) zuzuordnen. Der Bewegungsumfang wurde im Jointfile als generalisierte Koordinaten (*Gencoord*) gespeichert.
Die kinematischen Funktionen sind als einfache Kugelfunktionen beschrieben (Abbildung 38):

```
beginfunction f9                            /* kinematische Funktion f9 als einfache Drehfunktion */
(-360.000000,-360.000000)
( 360.000000, 360.000000)
endfunction
```

Abbildung 38 Code für die Definition einer kinematischen Funktion in *SIMM*

Die Definition eines Gencoords ist generell wie in Abbildung 39 definiert:

```
begingencoord L3_L2_FE              /* Name des Freiheitsgrades         */
range -4.000000 4.000000            /* Bewegungsfreiheit in Grad [°]    */
default_value 0.000000              /* Neutralstellung des Gelenks      */
visible yes
restraint f10
active no
endgencoord
```

Abbildung 39 Code für die Definition eines Gencoords in *SIMM*

Hier ist die Flexion-Extension Bewegung im Gelenk zwischen dem zweiten und dritten Lendenwirbel beschrieben. Dabei ist der Bewegungsumfang mit acht Grad festgelegt, bei einer Neutralstellung von null Grad.
In jedem Gelenk wurden drei rotatorische Freiheitsgrade (FE, LB, AR) definiert, und jedem FG einen eigenen Bewegungsumfang zugeordnet. Aufgrund der geringen Bewegungen wurde auf translatorische Freiheitsgrade verzichtet. So ergaben sich mit 25 Segmenten (18 Brustwirbel, 6 Lendenwirbel, 1 Hüfte) 24 Gelenke mit insgesamt 72 intervertebralen Freiheitsgraden.
In jedem Modell sollte mindestens ein Segment fixiert sein, damit sich ein oder mehrere Gelenke um dieses Fixsegment bewegen können. Da es möglich sein soll, dass sich die Wirbelsäule als Gesamtelement im Raum frei bewegen kann, musste in *SIMM* ein Boden-Segment (*Ground*) erstellt werden. Für die zusätzlichen sechs Freiheitsgrade der Wirbelsäule im Raum wurde daher ein eigenes „Gelenk" zwischen Boden und Hüfte erstellt, das unendlich große Translationen und Rotationen zuließ.

Eine vorläufige Ansicht des Gesamtmodells ist in Abbildung 40 zu sehen:

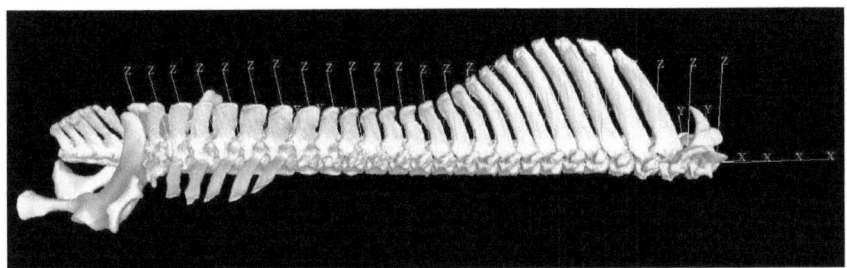

Abbildung 40 Segmente der Wirbelsäule inklusive der kartesischen Koordinatensysteme nach Definition aller intervertebralen Gelenke in SIMM

Als Grundlage für die maximalen Bewegungsfreiheiten der intervertebralen Gelenke diente die Arbeit von Townsend et al. (1983). Aufgrund dieser Ergebnisse, gezeigt in Abbildung 13, Abbildung 14 und Abbildung 15 in Kapitel 3.3, ließ sich die Bewegungsfreiheit der Gelenke für das Modell abschätzen. Dabei war zu beachten, dass diese Werte von der Neutralstellung des Gelenkes weg in eine Richtung gemessen wurden (50% ROM). Das bedeutet, dass die eigentlichen Bewegungsumfänge doppelt so groß waren (Tabelle 2).

Tabelle 2 Bewegungsfreiheiten in Grad [°] der Kadaveruntersuchungen nach Townsend et al. (1983)

Gelenk	Townsend						Gelenk	Townsend					
	50% ROM [°]			100% ROM [°]				50% ROM [°]			100% ROM [°]		
	FE	LB	AR	FE	LB	AR		FE	LB	AR	FE	LB	AR
Th1 - Th2	8	3	4	16	6	8	Th13 - Th14	3	10	5	6	20	10
Th2 - Th3	2	5	4	4	10	8	Th14 - Th15	3	8	5	6	16	10
Th3 - Th4	2	4	4	4	8	8	Th15 - Th16	3	6	4	6	12	8
Th4 - Th5	2	4	4	4	8	8	Th16 - Th17	4	5	3	8	10	6
Th5 - Th6	2	4	4	4	8	8	Th17 - Th18	4	5	2	8	10	4
Th6 - Th7	2	4	4	4	8	8	Th18 - L1	4	5	2	8	10	4
Th7 - Th8	3	6	4	6	12	8	L1 - L2	2	4	2	4	8	4
Th8 - Th9	3	7	4	6	14	8	L2 - L3	2	3	1	4	6	2
Th9 - Th10	4	9	4	8	18	8	L3 - L4	2	3	1	4	6	2
Th10 - Th11	4	10	5	8	20	10	L4 - L5	2	2	1	4	4	2
Th11 - Th12	4	11	5	8	22	10	L5 - L6	4	1	1	8	2	2
Th12 - Th13	4	11	6	8	22	12	L6 - S1	24	1	1	48	2	2

Die 100% ROM Daten aus Tabelle 2 dienten als Basiswert für die einzelnen Gencoords im Jointfile und können, je nach Anforderung, jederzeit verändert werden.

7.3. Bestimmung von Masse und Trägheitseigenschaften

Da es sich bei der Konstruktion dieses biomechanischen Modells um eine Starrkörpersimulation handelte, war die geometrische Struktur der Körper, im Gegensatz zu Finite-Elemente-Modellen, nur in geringem Maß zu berücksichtigen. Teilaspekte der Geometrie flossen nur über Anlenkpunkte der Gelenke und Kraftelemente wie Muskel- und Sehnenansatzpunkte in die Simulation ein. Eine Durchdringung der Körper, wie sie in der Realität nicht durchführbar wäre, ist aber in *SIMM*, etwa bei unnatürlichen Gelenkwinkelstellungen, dennoch möglich.

Während es zahlreiche Daten zu Masse- und Trägheitseigenschaften von anthropometrischen Menschenmodellen gibt (Hanavan, 1964; Hatze, 1979), sind beim Pferd erst wenige Untersuchungen bekannt. Schwerpunkte und Trägheitsmomente wurden bei isolierten Extremitäten beim Pferd (van den Bogert et al., 1989a) und beim Pony (van den Bogert et al., 1989b) in der Sagittalebene bestimmt. Eine der wichtigsten Arbeiten in diesem Gebiet stammt von Buchner et al. (1997) und behandelt die Bestimmung von Masse, Schwerpunkt, Dichte und Trägheit von je 26 Körpersegmenten bei sechs Niederländischen Warmblütern. Da jedoch der Pferderücken bei Buchner et al. (1997) als Gesamtsegment behandelt wurde, waren die Ergebnisse der Trägheitsmomente und Massenzentren für das hier erstellte biomechanische Modell nicht geeignet.

Da jedem Segment in *SIMM* eigene Trägheitseigenschaften und Körperschwerpunkte zugeordnet werden sollten, mussten diese Parameter in Anlehnung an den Modellaufbau bestimmt werden. Auch hier kam *CATIA* zum Einsatz, indem für jedes Segment ein eigener, wenn auch stark vereinfachter, Volumenkörper konstruiert wurde. Dabei wurde die Wirbelsäule in folgende unterschiedlich große Abschnitte eingeteilt:

- Abschnitt A   Th1 – Th11   11 Segmente
- Abschnitt B   Th12 – Th15   4 Segmente
- Abschnitt C   Th16 – L6   9 Segmente
- Abschnitt D   S1 – S5, Hüftknochen 1 Segment

Die Gesamtlänge der Wirbelsäule von den ersten Brustwirbeln bis zum letzten Sakralwirbel betrug laut CT-Scan 1400 mm. Durch eine Unterteilung der Wirbelsäule in 29 Einzelwirbel ergab sich eine mittlere Segmentdicke von 48,3 mm. Da die fünf

Sakralwirbel allgemein miteinander verwachsen sind, wurde für das Hüftsegment die fünffache Segmentstärke verwendet. In Abbildung 41 ist die gesamte Wirbelsäule stark vereinfacht als Volumenkörper abgebildet.

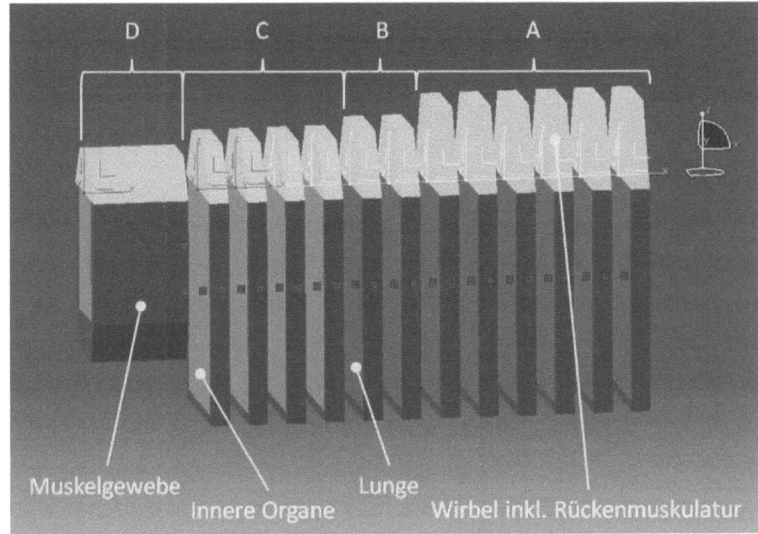

Abbildung 41 Vereinfachtes Volumenmodell des Pferderumpfes in *CATIA*

Zur besseren Veranschaulichung ist in Abbildung 41 jedes zweite Segment ausgeblendet worden. Im vorderen Bereich des Rumpfes ist die Lunge, im hinteren Teil die inneren Organe dargestellt. Mit den Rahmen ist das umliegende Muskelgewebe berücksichtigt und im dorsalen Bereich über dem Koordinatenursprung sind Knochen und Rückenmuskeln vereint. So wie im Modell der Wirbelsäule waren auch hier die Koordinatensysteme am Rand der Segmente gesetzt. Die Höhe der Segmente variierte je nach Lage zwischen 500 mm und 750 mm. Die Breite war bei den Einzelwirbelsegmenten mit 400 mm konstant gehalten, nur die Hüfte wurde mit 300 mm schmäler gebaut. Der Grund dafür war der Abzug der hinteren Gliedmaßen, die zusammen mit der angrenzenden Muskulatur in einem Gesamtkörpermodell den Femursegmenten zugeordnet werden sollten. Die Muskeldichte war mit 1050 kg/m³ festgesetzt. Die Wirbelknochendichte wird in der Literatur mit 600 – 1000 kg/m³ angegeben (Nigg und Herzog, 1994) und durch die Einbindung der Rückenmuskulatur im Knochentrapez (Abbildung 41) wurde eine mittlere Dichte von 950 kg/m³ gewählt. Der Thorax erhielt eine Dichte von 900 kg/m³, die inneren Organe wurden mit 1025 kg/m³ gerechnet (Erdmann, 1997).

Für dynamische Simulationen wurden nach Tabelle 3 folgende Parameter bestimmt:

Tabelle 3 Definition der Masseparameter der Segmente

Masse [kg]	Schwerpunkt [mm]	Trägheitsmatrix [kg m²]
m	$\begin{bmatrix} x_s \\ y_s \\ z_s \end{bmatrix}$	$\begin{bmatrix} I_{xx} & -I_{xy} & -I_{xz} \\ -I_{yx} & I_{yy} & -I_{yz} \\ -I_{zx} & -I_{zy} & I_{zz} \end{bmatrix}$

Wenn eine oder beide orthogonalen Ebenen Symmetrieebenen bezüglich der Massenverteilung des Körpers sind, so ist das Deviationsmoment bezüglich dieser Ebene gleich null. In solchen Fällen treten Massenelemente in Paaren auf beiden Seiten der Symmetrieebene auf. Auf einer Seite der Ebene ist das Deviationsmoment des Massenelementes positiv, auf der anderen ist es für das entsprechende Element negativ und somit ergibt die Summe der beiden null (Hibbeler, 2006). Daher sind bei den Segmentmodellen I_{xy}, I_{xz}, I_{yx}, I_{yz}, I_{zx}, I_{zy} gleich null.

So ergaben sich für Masse und Trägheit der Einzelsegmente die in Tabelle 4 gelisteten Werte:

Tabelle 4 Masse [kg], Schwerpunkt [mm] und Trägheit [kg m²] der vier verschiedenen Einzelsegmente

Abschnitt	Masse [kg]	Schwerpunkt [mm]	Trägheitsmatrix [kg m²]
A	12,579	$\begin{bmatrix} 24,15 \\ 0 \\ -196,681 \end{bmatrix}$	$\begin{bmatrix} 0,705 & 0 & 0 \\ 0 & 0,549 & 0 \\ 0 & 0 & 0,161 \end{bmatrix}$
B	11,891	$\begin{bmatrix} 24,15 \\ 0 \\ -217,07 \end{bmatrix}$	$\begin{bmatrix} 0,608 & 0 & 0 \\ 0 & 0,458 & 0 \\ 0 & 0 & 0,155 \end{bmatrix}$
C	12,725	$\begin{bmatrix} 24,15 \\ 0 \\ -228,419 \end{bmatrix}$	$\begin{bmatrix} 0,611 & 0 & 0 \\ 0 & 0,452 & 0 \\ 0 & 0 & 0,164 \end{bmatrix}$
D	33,961	$\begin{bmatrix} 120,75 \\ 0 \\ -157,156 \end{bmatrix}$	$\begin{bmatrix} 0,845 & 0 & 0 \\ 0 & 0,781 & 0 \\ 0 & 0 & 0,394 \end{bmatrix}$

7.4. Muskelmodellerstellung in SIMM

Um das mechanische Verhalten eines Muskels nach dem Hillschen Modell modellieren zu können, müssen eine Reihe von Relationen und Parameter bekannt sein. Die aktive und passive Kraft-Längen-Relation (Abbildung 19 in Kapitel 4.3) sowie die Kraft-Geschwindigkeitskurve (Abbildung 20 in Kapitel 4.4) eines Muskels müssen allgemein definiert sein. Für den Einfluss der Sehnen muss das Kraft-Längen-Diagramm (Abbildung 21 in Kapitel 4.5) berücksichtigt werden.

Für jeden einzelnen Muskel müssen die in Kapitel 4 beschriebenen folgenden fünf Einflussgrößen bekannt sein:

- maximale isometrische Muskelkraft F_0^M, welche in Abhängigkeit des physiologischen Muskelquerschnitts (PCSA) berechnet wurde
- optimale Muskelfaserlänge l_0^M.
- Fiederungswinkel α zwischen Muskelfaser und Sehne zum Zeitpunkt der optimalen Muskelfaserlänge
- Sehnen-Ruhelänge l_S^T
- maximale Kontraktionsgeschwindigkeit des Muskels v_{max}^M in Bezug auf den Grad der Aktivierung $a(t)$

Der dynamische Verlauf der physiologischen Muskelaktivierung $a(t)$ nach der Zeit t in Abhängigkeit von der Ca^{2+}-Konzentration mit der rascheren Aktivierungs- und der langsameren Deaktivierungsphase kann in *SIMM* nicht berücksichtigt werden. Der Grad der Aktivität kann ausschließlich mit $a(t) = 0$ oder $a(t) = 1$ definiert sein. Um die Modellerstellung einfacher zu gestalten, gibt es in *SIMM* einen vorgefertigten Muskel mit den vier Kraft-Längen- bzw. Kraft-Geschwindigkeits-Relationen. So war allein die Definition der Muskelparameter erforderlich um einen individuellen Muskel zu erstellen. Alle modellierten Muskeln wurden im Muskelfile (*.msl*) festgelegt.

Der Code einer Muskeldefinition ist in Abbildung 42 zu sehen:

```
beginmuscle LDML5L4R                          /* Name des Muskels                              */
beginpoints
-0.01651 -0.06959  0.05816 segment L5         /* Ursprungspunkt in Segment L5                  */
-0.02187 -0.00747  0.09732 segment L4         /* Ansatzpunkt in Segment L4                     */
endpoints
begingroups
Longissimus Right Medial                      /* Einteilung des Muskels in Gruppen             */
endgroups
max_force 3000.000                            /* maximale isometrische Kraft [N]               */
optimal_fiber_length 0.05100                  /* optimale Muskelfaserlänge [m]                 */
tendon_slack_length 0.00100                   /* Länge der Sehne bei Kraftübertragung [m]      */
pennation_angle 0.000                         /* Fiederungswinkel in Grad [°]                  */
max_thickness 0.01000                         /* Durchmesser des Muskels in SIMM [m]           */
min_material def_min_muscle
max_material def_max_muscle
activation 1.000                              /* Grad der Aktivierung                          */
visible yes                                   /* Sichtbarkeit in SIMM                          */
endmuscle
```

Abbildung 42 Code für die Definition eines Muskels in *SIMM*

Da der *Longissimus dorsi* im Pferderücken über großflächige Ursprungs- und Ansatzflächen verfügt, war es notwendig mehrere Muskelstränge parallel zu erstellen. Die Wahl des Muskelnamens sollte immer die wichtigsten Basisinformationen enthalten. So stand der Code *LDML5L4R* für den medialen Teil (M) des Rückenmuskels (LD) auf der rechten Seite (R) mit Ansatz der Aponeurose bei L5 und Ursprung am Knochen bei L4. Eine Einteilung in Gruppen erleichterte die Suche bzw. Auflistung der Muskeln in der Modellerstellungssoftware. Neben den fünf Muskelparametern konnte auch das Erscheinungsbild des Muskelmodells in der virtuellen Simulationsumgebung angepasst werden. Dabei darf der dargestellte Durchmesser *max_thickness* nicht mit dem physiologischen Muskelquerschnitt verwechselt werden.

8. Simulationssoftware OpenSim

Wie schon in Kapitel 7.2 beschrieben, erfolgte die Modellerstellung in *SIMM*. Die fertigen Knochen-, Gelenk- und Muskeldateien wurden aber danach für dynamische Simulationen in die Open Source Software *OpenSim 1.9* (SimTK, 2008) importiert. Die Kernsoftware ist in *C++* geschrieben und das Grafik User Interface beinhaltet eine Reihe von Möglichkeiten muskuloskeletale Modelle zu analysieren, Simulationen zu generieren und die Ergebnisse zu visualisieren (Delp et al., 2007). Einige der Basisfunktionen von *SIMM* sind auch in *OpenSim* zu finden, wie etwa die Möglichkeit Muskeln zu editieren und einzelne Parameter zu plotten.

Ein erster Überblick über die wichtigsten Abschnitte in *OpenSim* ist in Abbildung 43 zu sehen.

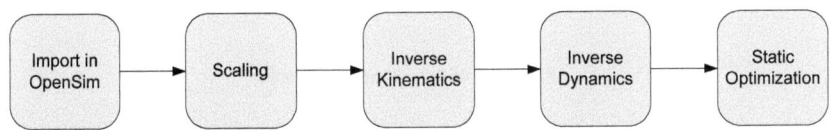

Abbildung 43 Bearbeitungsschritte in *OpenSim*

Nach dem Importieren der *SIMM*-Files, musste für jede Simulation das virtuelle Modell in Größe und Gewicht an das reale Testobjekt angepasst werden. Dieser Vorgang wird als Scaling bezeichnet und erfordert nach der Modellerstellung die meiste Aufmerksamkeit. Wenn die Größenverhältnisse bei den anschließenden dynamischen Simulationen nicht ausreichend genau mit dem gemessenen Pferd übereinstimmen, sind Fehler in der Berechnung der inversen Kinematik (IK) in *OpenSim* unvermeidbar. Die genauen Skalierungsschritte sind in Kapitel 8.2 näher beschrieben. Mit den gemessenen Bewegungsdaten wird im nächsten Schritt das IK-Problem gelöst, indem die Marker im Modell jenen der Messung bestmöglich angeglichen werden (Kapitel 8.3).

Sobald alle Gelenkwinkelstellungen zu jedem Zeitpunkt berechnet worden sind, können unter Berücksichtigung der Bodenreaktionskräfte sowie der inneren Massenkräfte mit Hilfe der inversen Dynamikmethode (ID) die Gelenkmomente berechnet werden (Kapitel 8.4). Zum Schluss sollte in einem zukünftigen Ganzkörpermodell die Möglichkeit bestehen, mittels Static Optimization (Kapitel 8.5) nach Implementierung der Muskelparameter die resultierenden Muskelkräfte durch Berücksichtigung aller zuvor berechneten Einflussgrößen zu ermitteln. Da das Rückenmodell, ob separat oder als Ganzkörpermodell, im Anschluss an diese Dissertation weitere Anwendung finden wird, fällt die Erklärung zur Bedienung der einzelnen Simulationsschritte in den nächsten Kapiteln allgemein aus.

8.1. Import in OpenSim

OpenSim ermöglicht das Einlesen der Segmentfiles (**.asc*), der Gelenkdefinitionen (**.jnt*) sowie der Muskelarchitektur (**.msl*) aus *SIMM* (Abbildung 44).

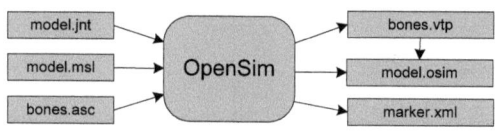

Abbildung 44 Datenimport in *OpenSim*

Die importierten Daten werden konvertiert und als **.osim*-File (XML Daten Format) gesichert. Auch die Knochenstruktur wird durch *OpenSim* neu gespeichert. Die Position der Marker kann separat auch in einem *Marker.xml*-File gesichert werden.

8.2. Scaling

Die Skalierungssoftware in *OpenSim* verändert in diesem Arbeitsschritt das jeweilige Modell, damit die morphometrischen Parameter dem gemessenen Pferd so genau wie möglich ähneln. Dabei werden die Marker am lebenden Pferd mit den im Modell definierten Marker verglichen, und wenn nötig angepasst. Daher sollte zum Start jeder Messung eine statische Aufnahme von einigen Sekunden gemacht werden, die später als *static.trc*-File zum Skalieren eingesetzt werden kann (Abbildung 45).

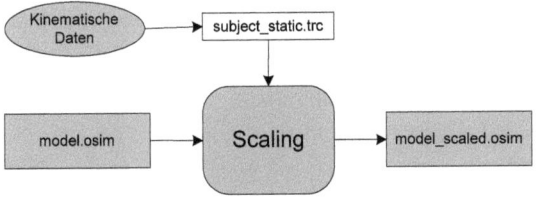

Abbildung 45 Scaling in *OpenSim*

Beim Skalieren sind zwei Schritte zu beachten. Zuerst wird die Morphometrie der Segmente durch den Vergleich von Markerabständen verändert (Abbildung 46). Ob die Segmente in alle Hauptrichtungen (X, Y, Z) angeglichen werden oder nur etwa in der axialen Richtung (m_x) bleibt dem Anwender überlassen. Die Hautmarker wurden dorsal über den *Procc. spinosi* angebracht um die Hautverschiebungen so gering wie möglich zu halten. Da diese Markeranordnung keine genauen Informationen über die Größe der Knochen nach lateral und ventral lieferte, bildete die axiale Komponente entlang der Wirbelsäule die wichtigste Achse. So mussten stets die Markerabstände (m_1, m_2, ...) im virtuellen Modell mit denen aus dem *static.trc*-File aus der Messung verglichen werden. Je nach Wahl der Skalierung werden auch die Masse und Trägheitseigenschaften automatisch angepasst.

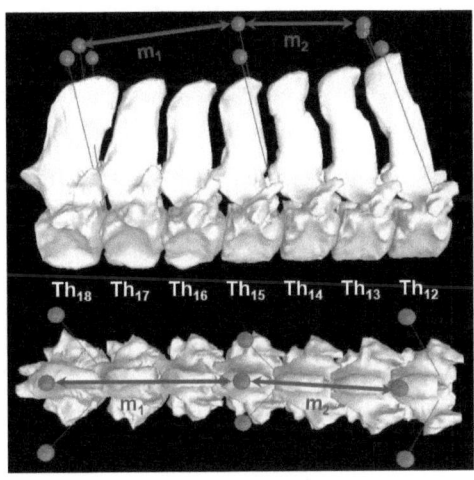

Abbildung 46 Bereich der kaudalen BWS mit den Markerabständen zwischen Th_{12} und Th_{15} (m_2) sowie Th_{15} und Th_{18} (m_1)

Im zweiten Schritt können, wieder durch einen Vergleich der Markerabstände von Original und Modell, die virtuellen Marker im Modell innerhalb desselben Segments verschoben werden. Die Größe des zuvor adaptierten Segmentes bleibt dabei unverändert, nur die Position der Marker wird optimiert. Als erste Zusatzoption bietet *OpenSim* vor den oben beschriebenen Skalierungsschritten auch eine Preview-Funktion an, in der die gemessenen mit den noch unveränderten Markern aus dem Modell zusammen grafisch und in unterschiedlicher Farbe dargestellt werden. Sollten Marker sehr stark von ihrer Idealposition abweichen, kann in *SIMM* zurückgekehrt werden und das Grundmodell verändert werden.

Wenn etwa, wie in Abbildung 46 zu sehen ist, nur in jedem dritten Segment Marker definiert waren, musste der berechnete Skalierungsfaktor auch bei den Zwischensegmenten mit einbezogen werden. So musste der Größenparameter beim Markerpaar Th_{18} – Th_{15} neben dem Segment Th_{18} auch Th_{17}, Th_{16} und bei Bedarf auch Th_{15} zugeordnet werden.

Als zweite Zusatzeinstellung können den Markern unterschiedliche Gewichtungen gegeben werden. Diese Option ist hilfreich, wenn Zweifel bezüglich der Richtigkeit der Position einiger Marker bestehen, wie etwa die parallele Ausrichtung des Holzmarker-Dreiecks (Kapitel 9.3.2) zur Transversalebene (das Markerdreieck steht nicht orthogonal zur axialen Ausrichtung der Wirbelsäule). Bei Pferden kann es vorkommen, dass im Stand noch während der Positionierung der Marker für eine Messung durch das Entlasten einer Hinterextremität eine Verkrümmung der Wirbelsäule induziert wird. Da solche Wirbelverschiebungen nicht erkennbar sind, kann es passieren, dass anfangs korrekt axial ausgerichtete Marker-Dreiecke bei einer erneuten gleichmäßigen Belastung beider Hinterextremitäten leicht versetzt sind. So kann dem medialen Marker (z.B. Th15C) eine, beispielsweise um den Faktor 10^3, höhere Gewichtung gegeben werden als den lateralen Markern (Th15L und Th15R). Diese Gewichtsverteilungen sind gerade dann zulässig, wenn die Positionen dieser Marker mit sehr hoher Wahrscheinlichkeit richtig gewählt sind. Der zentrale Marker ThxxC kann meist direkt über der palpierbaren Spitze eines Dornfortsatzes gesetzt werden, da dieser Marker auch bei einer Wirbelsäulenverkrümmung mit großer Wahrscheinlichkeit korrekt positioniert ist. Auch die knöcherne Struktur der *Tuber coxae* kann eindeutig bestimmt werden und mit einer höheren Gewichtung versehen werden.

Durch das Skalieren verändern sich alle Segmente und Markerpositionen (Abbildung 47 und Abbildung 48):

```
<Model name="model_prescaled.osim">
...
<Body name="T15">
        <mass> 11.89100000 </mass>
        <mass_center> -0.02415000 0.00000000 -0.21707000 </mass_center>
        <inertia_xx> 0.60800000 </inertia_xx>
        <inertia_yy> 0.45800000 </inertia_yy>
        <inertia_zz> 0.15500000 </inertia_zz>
        <inertia_xy> 0.00000000 </inertia_xy>
        <inertia_xz> 0.00000000 </inertia_xz>
        <inertia_yz> 0.00000000 </inertia_yz>
                <Joint>
                ...
                </Joint>
</Body >
...
<Marker name="T15C">
        <body> T15 </body>
        <location> -0.02500000 0.00000000 0.17000000 </location>
        <weight> 1000.00000 </weight>
        <fixed> false </fixed>
</Marker>
...
</Model name="model_prescaled.osim">
```

Abbildung 47 Code für das Originalmodell in *OpenSim*

Nach den beiden Skalierungsschritten sind sämtliche Modellparameter angepasst:

```
<Model name="model_scaled.osim">
...
<Body name="T15">
        <mass>      8.23200000 </mass>
        <mass_center>   -0.02415000     0.00000000      -0.20122400 </mass_center>
        <inertia_xx>    0.47100000 </inertia_xx>
        <inertia_yy>    0.35700000 </inertia_yy>
        <inertia_zz>    0.11700000 </inertia_zz>
        <inertia_xy>    0.00000000 </inertia_xy>
        <inertia_xz>    0.00000000 </inertia_xz>
        <inertia_yz>    0.00000000 </inertia_yz>
                <Joint>
                ...
                </Joint>
</Body >
...
<Marker name="Th15C">
        <body> T15 </body>
        <location>      -0.02134509     -0.00264064     0.17835718 </location>
        <weight> 1000.00000 </weight>
        <fixed> false </fixed>
</Marker>
...
</Model name="model_scaled.osim">
```

Abbildung 48 Code für ein skalierte Modell in *OpenSim*

8.3. Inverse Kinematik

Die Aufgabe der inversen Kinematik ist die Bestimmung von Gelenkwinkeln und Segmentpositionen im Modell, die der gemessenen, experimentellen Kinematik am besten entsprechen (Abbildung 49).

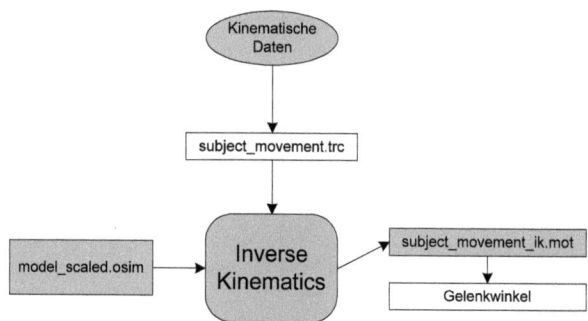

Abbildung 49 Inverse Kinematik in *OpenSim*

Mit dem zuvor skalierten Modell und den Bewegungsdaten (*.trc) werden zu jedem Frame in einem *.mot-File (Motion File) die Winkelstellung aller Gelenke in Grad (°) und die Originalmarkerpositionen (z.B. Th15C_tx, Th15C_ty und Th15C_tz in Meter vom Koordinatenursprung) als Referenzwerte aus dem TRC-File abgespeichert. Um auch die von *OpenSim* berechneten Minimalabweichungen der Marker zu erhalten, muss im Inverse Kinematics Tool nach der Eingabe der benötigten Parameter und vor der eigentlichen Berechnung, eine eigene *setup_ik.xml*-Datei (Abbildung 50) geschrieben werden:

```xml
<?xml version="1.0" encoding="UTF-8"?>
<OpenSimDocument Version="10600">
    <IKTool name="">
    ...
        <IKTrialSet name="">
            <objects>
                <IKTrial name="subject_movement ">
                ...
                    <include_markers> true </include_markers>
                ...
                </IKTrial>
            </objects>
        </IKTrialSet>
    ...
    </IKTool>
</OpenSimDocument>
```

Abbildung 50 Code des zu verändernden Markerparameters in *OpenSim*

Durch das Umschreiben der <include_markers> - Einstellung von *false* auf *true*, werden im *subject_movement_ik.mot*-File auch die berechneten Markerpositionen (z.B. Th15C_px, Th15C_py und Th15C_pz) aufgelistet. Im Zuge der IK-Methode wird mit Hilfe eines mathematischen Verfahrens zur Ausgleichsrechnung eine Kurve zu einer Datenwolke gesucht, die möglichst nahe an den Datenpunkten verläuft. Mit der „Methode der kleinsten Quadrate" werden die optimalen Markerpositionen so bestimmt, dass die Summe der quadratischen Abweichungen der virtuellen Marker von den gemessenen Punkten minimiert wird. Nach einer inversen Kinematik-Berechnung können nach Abbildung 51 im Extremfall vier verschiedene Positionsvarianten der Marker zusammengefasst werden:

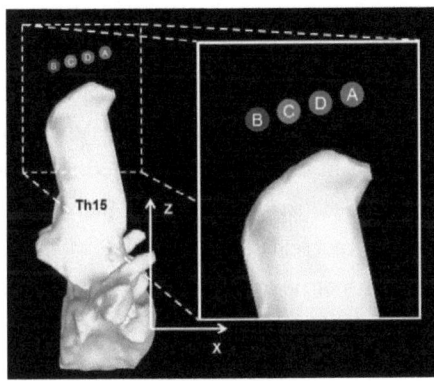

Ⓐ geklebt und gemessen am Pferd [_tx/_ty/_tz] als *.trc

Ⓑ definiert im Modell in *SIMM* als *.jnt*, bzw. in OpenSim als *.osim*

Ⓒ angepasst nach der Skalierung in OpenSim als *_scaled.osim*

Ⓓ berechnet als bestmögliche Anpassung nach IK [_px/_py/_pz] als *.mot*

Abbildung 51 Markerstadien

Abbildung 51 zeigt anhand eines Brustwirbels die im Extremfall vier unterschiedlichen Markerpositionen über der Spitze eines Dornfortsatzes. Die Differenz zwischen der Markerposition A (Soll-Wert) und D (Ist-Wert) kann zur Fehlerberechnung eingesetzt werden. Wenn die Markerposition B zu weit vom gemessenen (A) abweicht, sollte, wie schon in Kapitel 8.2 zuvor erwähnt, die Grundposition der virtuellen Marker im Modell vor der IK-Berechnung neu definiert werden. Das Ausmaß der Markerabweichung darf aber nicht als Fehleranalyse durch Hautverschiebung angesehen werden. Diese Fehlerquelle könnte nur mittels bildgebender Diagnostik (z.B. Röntgen) während der Messung analysiert werden, wenn die Relativbewegung der Marker zu ihrem „Elternsegment" beobachtet wird. Leider kann durch die Verformung des optischen Brennflecks bei Abweichung des Sichtwinkels vom Zentralstrahl in Röntgenabbildungen eine Längenmessung nur bedingt eingesetzt werden (Krüger, 2005). Alternativ könnte eine Distanzmessung mit Ultraschall erfolgen. Der Einsatz von CT-Bildern zur Positionskontrolle wäre nur für kleine Tiere einsetzbar. Für eine dynamische Röntgenbilddarstellung gäbe es bei Kleintieren auch die Möglichkeit mit Fluoroskopie oder mit 3D-Bildgebung über einen mobilen C-Bogen zu arbeiten (Giehl, 2006).

8.4. Inverse Dynamics

Bei der Methode der inversen Dynamik (ID) wird die aufgezeichnete Bewegung mit Bodenreaktionskräften (grf.mot (*g*round *r*eaction *f*orce)) kombiniert (Abbildung 52), um die internen Kräfte im Körper festzustellen und somit das statische oder dynamische Gleichgewicht zu berechnen (van den Bogert et al., 1998).
So werden die Momente in den Gelenken während der Bewegung im Körper abgeleitet. Neben den Bodenreaktionskräften werden die Gelenkwinkelstellungen, deren Geschwindigkeiten sowie Beschleunigungen und die Trägheitsmomente der Segmente benötigt (Brand et al., 1986). Ein Gelenkmoment ist die Summe der Momente aus allen individuellen Kräften, die auf ein Gelenk wirken. Momente können entstehen durch Muskelkräfte, durch induzierte Kräfte über umliegende Bänder und Sehnen, aber auch durch Kontaktkräfte an Gelenkflächen zwischen benachbarten Knochen. In der Bewegungsanalyse ist die traditionelle Newton-Euler Methode zur Berechnung der Kräfte ($\overline{F} = m * \overline{a}$) und Momente ($\overline{M} = I * \overline{\omega}$) am weitesten verbreitet (Zajac et al., 2002).

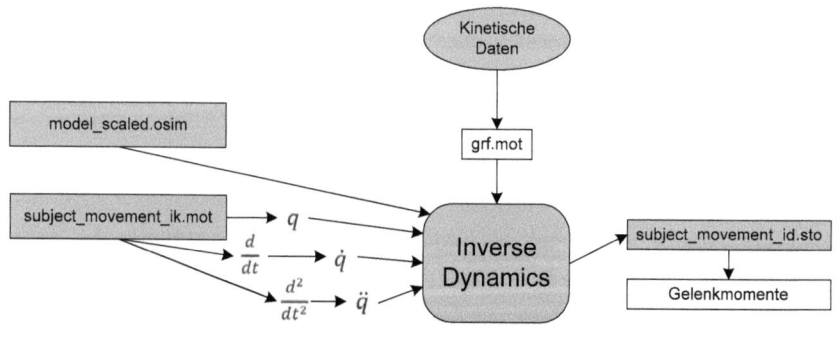

Abbildung 52 Inverse Dynamik in *OpenSim*

Neben dem skalierten Modell und den Bewegungsdaten (*_ik.mot) der inversen Kinematik, werden außerdem kinetische Daten mit einbezogen. Die Bodenreaktionskräfte (GRF) werden durch Kraftmessplatten aufgezeichnet und liefern jeweils drei Kräfte (Fx, Fy, Fz) und drei Momente (Mx, My, Mz). Der Vorteil von Kraftmessplatten liegt in der erhöhten Genauigkeit der Daten durch die Messung der Bodenreaktionskräfte. Alternativ wäre eine Berechnung der Gelenkmomente mit der oben genannten Newton-Euler Methode ($\overline{F} = m * \overline{a}$) auch ohne Einbeziehung der Bodenreaktionskräfte möglich. Jedoch werden durch das Differenzieren hochfrequente Signale besonders verstärkt (Hochpass-Filterung), wodurch schon geringste Fehler in den Messungen letztendlich zu großen Ungenauigkeiten in den Berechnungen führen können. Da die Bewegungsdaten sogar zweimal differenziert werden müssen, bevor sie als Beschleunigungen in die Bewegungsgleichungen eingehen, werden Ungenauigkeiten außerdem mit einer quadratischen Funktion verstärkt. Die Bodenreaktionskräfte können mit Kraftmessplatten jedoch vergleichsweise genau gemessen und direkt in die Bewegungsgleichungen eingesetzt werden, was zu wesentlich präziseren Ergebnissen führt.

Bei Messungen von Bewegungen großer Tiere ist es allgemein schwirig die Kinematik mit äußeren Kräften parallel zu messen. Das einzige Pferdelaufband mit integrierten Kraftmessplatten steht im Sportmedizinischen Leistungszentrum des Tierspitals der Universität Zürich (Universität Zürich, 2010; Weishaupt et al., 2001). Daher konnten im Rahmen dieser Dissertation an der Technischen sowie Veterinärmedizinischen Universität Wien leider keine Bodenreaktionskräfte in die Simulation mit einfließen.

Die allgemein gültige Bewegungsgleichung für zwei- und dreidimensionale biomechanische Modelle sieht nach Pandy (2001) wie folgt aus:

$$M\left(\underline{q}\right)\underline{\ddot{q}} + C\left(\underline{q}\right)\underline{\dot{q}}^2 + \underline{G}\left(\underline{q}\right) + R\left(\underline{q}\right)\underline{F}^{MT} + \underline{E}\left(\underline{q}, \underline{\dot{q}}\right) = \underline{0} \quad (3)$$

Dabei sind $\underline{q}, \underline{\dot{q}}, \underline{\ddot{q}}$ als Vektoren der allgemeinen Koordinaten anzusehen, mit deren jeweiligen Geschwindigkeiten und Beschleunigungen. $M\left(\underline{q}\right)\underline{\ddot{q}}$ enthält die Massenmatrix des Systems und ist ein Vektor der internen Kräfte und Momente. $C\left(\underline{q}\right)\underline{\dot{q}}^2$ bezieht sich als Vektor auf alle Zentrifugal- und Corioliskräfte. Mit $\underline{G}\left(\underline{q}\right)$ ist die Schwerebeschleunigung der Erde berücksichtigt. $R\left(\underline{q}\right)$ ist die Matrix der

Muskelmomentenarme mit $\underline{F}^{MT}$ als vektorielle Muskelkräfte. Der Term $R(\underline{q})\underline{F}^{MT}$ ergibt die Gelenkmomente $\underline{M}_j$. Im letzten Teil werden mit dem Vektor $\underline{E}(\underline{q},\underline{\dot{q}})$ alle externen Kräfte (z.B. GRF) durch das Umfeld beachtet. Die Gelenkmomente werden in einem *.sto-File (Store File) abgelegt. Sollte es in Zukunft, etwa im Rahmen internationaler wissenschaftlicher Kooperationen, möglich sein für dieses Rückenmodell Bodenreaktionskräfte parallel zur Bewegungsanalyse im Schritt oder Trab am Laufband zu messen, könnten in OpenSim die Kraftantrittspunkte der externen Kräfte jedem beliebigen Segment zugeordnet werden. Die Belastungen der hinteren Extremitäten könnten auf die Hüfte wirken, während die Kräfte der Vorderhand auf Höhe des Widerristes arbeiten. Außerdem kann das Modell auch das Gewicht eines Reiters als Zusatzbelastung aufnehmen. Ohne integrierte Kraftmessplatten wäre als Annäherung für Messungen im Stand, wie etwa das induzierte Biegen des Rückens nach lateral (siehe Kapitel 9.1), auch eine grobe Abschätzung der vertikalen Bodenreaktionskräfte (Fz) denkbar. So wäre eine Aufteilung des Gesamtkörpergewichtes mit Rücksicht auf die Verteilung des Schwerpunktes des Pferdes nach Abbildung 11 möglich.

8.5. Static Optimization

Mit den berechneten Gelenkmomenten aus der inversen Dynamik kann OpenSim mittels Static Optimization (StO) Rückschlüsse auf individuelle Muskelkräfte ziehen (Abbildung 53). Die StO-Methode wurde in der Vergangenheit schon ausgiebig zur Abschätzung von Muskelkräften während der Ganganalyse beim Menschen getestet (Brand et al., 1986; Crowninshield und Brand, 1981; Hardt, 1978). Da die meisten Knochensegmente von mehreren Muskeln umspannt werden (mindestens zwei Muskeln sind notwendig, um ein Gelenk mit einem Freiheitsgrad abwechselnd in beide Richtungen zu bewegen), ist eine direkte Translation der Gelenkmomente in Muskelkräfte nicht eindeutig möglich und genaue Rückschlüsse auf Muskelaktivitäten aus Gelenkmomentberechnungen nicht zuverlässig (Ackermann und Schiehlen, 2009). Zu diesem Zweck wurden Optimierungskriterien definiert, um bei der statischen Optimierung das Gelenkmoment auf die das Gelenk umspannenden Muskeln so aufzuteilen, wie angenommen wird, dass es auch physiologisch geschieht. Ein häufig verwendetes Optimierungskriterium ist die Minimierung der Summe der Muskelspannung (Crowninshield und Brand, 1981).

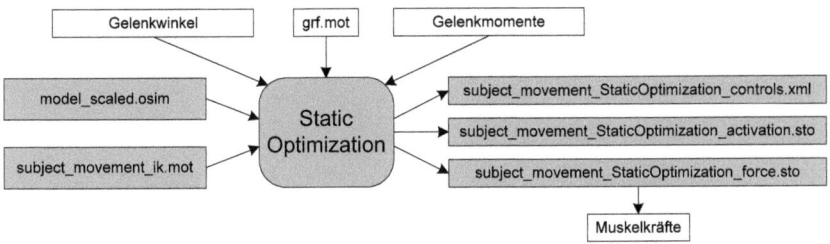

Abbildung 53 Static Optimization in *OpenSim*

Die StO in *OpenSim* liefert neben den eigentlichen Muskelkräften (*_force.sto*) auch die minimierte zeitliche Aufteilung der Muskelaktivierungen (*_activiation.sto*). Statische Modelle sind rechnerisch nicht sehr aufwändig gestaltet und können bei einer ausreichend hohen Anzahl an Muskeln komplette dreidimensionale Bewegungen ermöglichen. Um Abschätzungen der Kraft eines Muskels zu erhalten, müssen alle Modellparameter eines Muskels bekannt sein. Dennoch macht die zeitunabhängige Berechnung der StO-Methode eine Berücksichtigung der natürlichen Muskelphysiologie relativ schwierig und die Dynamik der Muskelaktivierung kann gar nicht berücksichtigt werden (Hardt, 1978).

Ein Hauptproblem bei der StO ist der Grad der Verteilung der Gelenkmomente M_j:

$$M_j = \sum Muskelmomente + \sum anders\ hervorgerufene\ Momente \qquad (4)$$

Wie schon in Kapitel 8.4 und Formel (3) erwähnt, wird $R\left(\underline{q}\right)\underline{F}^{MT} \cong \underline{M}_j$ für die Berechnung der Muskelkräfte herangezogen.

$$\sum Muskelmomente = \sum_{f=1}^{maxf} F_f r_f - \sum_{e=1}^{maxe} F_e r_e \qquad (5)$$

Die Summe der Muskelmomente setzt sich aus denen der Flexoren (f) und der Extensoren (e) zusammen. Mit $maxf$ und $maxe$ ist die maximale Anzahl an aktiven Muskeln gesetzt. F bezeichnet die Kraft im Muskel, r den Momentenarm zum betreffenden Gelenkzentrum.

Abbildung 54 soll als Beispiel dienen und anhand eines menschlichen Knöchelgelenks in der Sagittalebene die Summe der Momente darstellen. Dabei ist das resultierende Moment M_a des unteren Segments (Fuss) als Schnittgröße eingezeichnet. Auch die Richtung der Kraftvektoren ist in der Detailansicht rechts verdeutlicht.

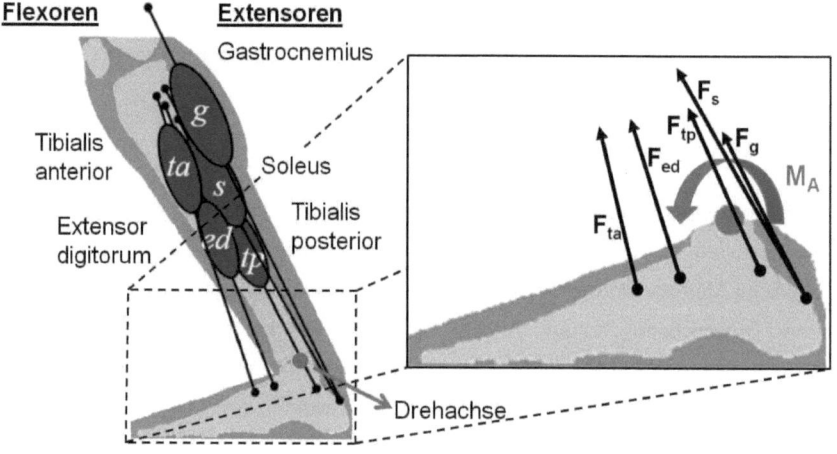

Abbildung 54 Static Optimization anhand des Sprunggelenks beim Menschen

Nach Formel (5) ergibt sich mit den entsprechenden Hebelarmen für M_a des unteren Segments:

$$M_a = (F_{ta}r_{ta} + F_{ed}r_{ed}) - (F_g r_g + F_s r_s + F_{tp}r_{tp}) \tag{6}$$

Nach Anderson und Pandy (2001) muss bei der StO-Methode zur Berechnung der Muskelarbeit immer ein Maß an Aktivierung berücksichtigt werden:

$$a_m(t_i), \quad m = 1, \dots, maxm \quad i = 1, \dots, lf \tag{7}$$

Dabei beschreibt $a_m(t_i)$ den Grad der Aktivierung des Muskels m zum Zeitpunkt t_i, $maxm$ bezieht sich auf die maximale Anzahl an modellierten Muskeln im Modell und lf soll den Berechnungszeitraum bis zum letzen Frame i darstellen.

OpenSim bietet für die Berechnungsmethode zwei Möglichkeiten an:

1) nicht physiologischer Fall
2) physiologischer Fall

In Methode 1 wird jeder Muskel als idealer Kraftgenerator gesehen, in dem F_m^0 die maximale isometrische Kraft darstellt.

$$F_m(t_i) = a_m(t_i) F_m^0 \tag{8}$$

Dabei werden muskelspezifische Eigenschaften nicht weiter beachtet. Anders im physiologischen Fall, wo neben der maximalen Kraft F_m^0 auch die Muskelfaserlänge l_m und die Verkürzungsgeschwindigkeit v_m mit einfließen (Zajac, 1989):

$$F_m(t_i) = a_m(t_i) f(F_m^0, l_m, v_m) \tag{9}$$

Eine detaillierte Erklärung der muskelphysiologischen Parameter ist in Kapitel 4 zu finden.
Die dynamische Optimierungslösung für die Static Optimization Methode sieht, unabhängig nach der Wahl der beiden Berechnungsmethoden, wie folgt aus:

$$\sum_{m=1}^{maxm} F_m(t_i) r_{m,j}(t_i) = T_j(t_i); \quad i = 1, \ldots, lf; \quad j = 7, \ldots, maxDOF; \quad m = 1, \ldots, maxmj \tag{10}$$

$maxmj$ gibt hier die Anzahl der Muskeln an, die das Gelenk j umspannen. $maxDOF$ steht für die maximale Anzahl an Gelenkachsen und somit für die Bewegungsmöglichkeiten des Modells. $F_m(t_i)$ ist die Kraft generiert durch den Muskel m. $r_{m,j}(t_i)$ ist der Momentenarm des Muskels m zum Mittelpunkt der betrachteten j-ten Gelenkachse. $T_j(t_i)$ ist daher das durch Muskelkraft erzeugte Moment um die Gelenkachse j. Zu beachten ist, dass die erste Lösung mit $j = 7$ beginnt, da die ersten 6 Freiheitsgrade die Position und Orientierung des Basissegmentes (z.B. der Hüfte) relativ zum Boden definiert und sich dafür keine Muskelkräfte direkt berechnen lassen (Anderson und Pandy, 2001).

Wenn die mechanischen Eigenschaften der Muskulatur berücksichtigt werden, sind mehrere Möglichkeiten der Optimierung realisierbar:

- Optimierung nach der Kraft

$$f(F_m) = \sum_{m=1}^{maxm} F_m \qquad (11)$$

- Optimierung nach der benötigten Energie

$$f(F_m) = \sum_{m=1}^{maxm} \left(\frac{F_m}{PCSA_m}\right)^3 \qquad (12)$$

- Optimierung der Muskelaktivität

$$f(F_m) = \sum_{m=1}^{maxm} \left(k\frac{F_m}{PCSA_m}\right)^2 \approx \sum_{m=1}^{maxm} (a_m)^2 \qquad (13)$$

$PCSA_m$ repräsentiert den physiologischen Muskelquerschnitt, k ist eine Konstante. In OpenSim wird die Minimierung der Quadrate der Muskelaktivität (Anderson und Pandy, 2001; Kaufman et al., 1991) eingesetzt:

$$J_i = \sum_{m=1}^{maxm} (a_m(t_i))^2 \rightarrow Minimum; \quad i = 1, \dots, lf \qquad (14)$$

Die Static Optimization Methode kann jedoch nur in Modellen eingesetzt werden, in denen alle Bewegungen in den Gelenken durch Muskeln beschrieben werden können. Im Fall des Rückenmodells müsste dafür die komplette Bauchmuskulatur integriert werden, um eine Flexion nach einer Extension des Rückens zu ermöglichen (d.h. ein FG benötigt mindestens zwei gegenüber liegende Muskeln).

8.6. Forward Dynamics

Bei der Forward Dynamics (FD) Berechnung kann anhand von gemessenen oder angenommenen Aktivitätsmustern der Muskeln die Bewegung des muskuloskeletalen Systems berechnet werden (Thelen et al., 2003). FD stellt also den umgekehrten Weg gegenüber der ID-Methode dar. Die Aktivitätsniveaus der Muskeln, gewonnen durch elektromyografische Ableitungen oder eingeleitet durch Funktionelle Elektrostimulation (FES) (Gföhler und Lugner, 2000), werden transformiert und die Gelenkmomente berechnet. Die resultierenden Gelenkwinkelstellungen können dann mit der gemessenen Kinematik abschließend verglichen werden und so als Modellvalidierung dienen (Erdemir et al., 2007).

9. Eigene Untersuchungen mit Hautmarkersets

Eines der Ziele dieser Dissertation lag in der Bestimmung eines optimierten Hautmarkersets für kinematische Messungen der thorakolumbalen Wirbelsäule beim Pferd. In den nächsten Kapiteln sollen die wichtigsten Zwischenschritte erläutert und die Vor- und Nachteile der unterschiedlichen Markerzusammenstellungen aufgezeigt werden. Die gewonnen Erkenntnisse sind in jedem Kapitel des jeweiligen Markersets in der Diskussion behandelt und flossen in die darauffolgenden Untersuchungen mit ein. Alle Messungen wurden auf dem universitätseigenen Pferdelaufband an der VMU Wien im Rahmen der Forschungsarbeiten der klinischen Arbeitsgruppe für Bewegungsanalytik durchgeführt. Abbildung 55 zeigt ein Pferd im Stand auf dem Pferdelaufband Mustang 2200 (*KAGRA*®, Fahrwangen, CH) kurz vor der Messung im Schritt mit zehn Infrarotkameras von *Motion Analysis*®.

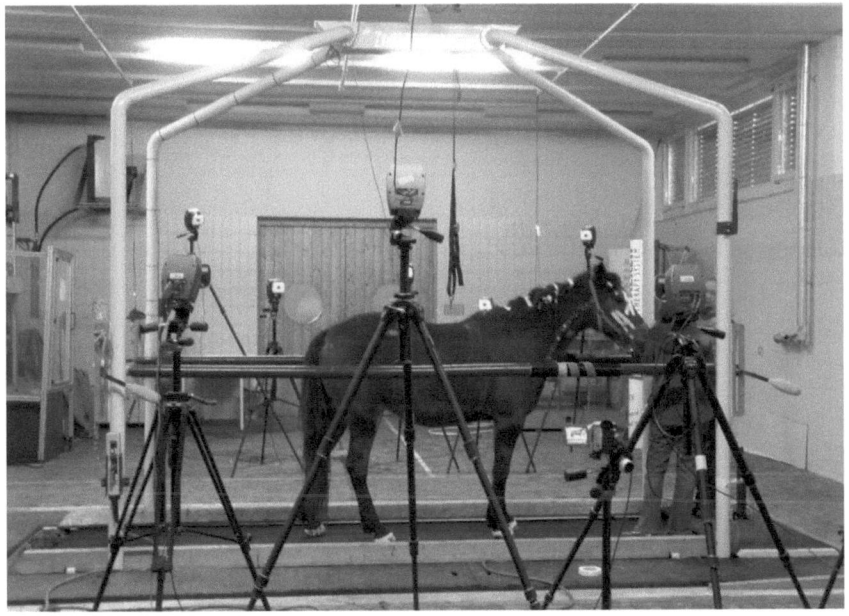

Abbildung 55 Pferdelaufband Mustang 2200 (KAGRA®) der klinischen Arbeitsgruppe für Bewegungsanalytik an der VMU Wien

9.1. Markerset A in Kombination mit EMG-Studie

9.1.1. Einleitung – Markerset A

Zu Beginn der Modellentwicklung war eine Anlehnung an die bis dahin übliche Markeranordnung am Rücken naheliegend. Dabei wurden sechs Hautmarker zwischen Widerrist und Hüfte gesetzt. Im Rahmen einer Studie wurden zehn Pferde vermessen und dabei die EMG-Signale des *Longissimus dorsi* mit einer Längenänderung des virtuellen Muskels im Modell korreliert (Groesel et al., 2010). Dazu wurde im Stand eine laterale Biegung des Rückens ausgelöst, um neben einem Muskelsignal auch eine aktive Bewegung zu erhalten. Der *Longissimus dorsi* Muskel verhindert in der Regel Bewegungen (außer im Stand) und arbeitet als Stabilisator des Rückens im Schritt und Trab, um den Bewegungsimpuls der Hinterhand auf die restliche Wirbelsäule übertragen zu können (Tokuriki et al., 1997). Fünf bis sechs Marker am Rücken wurden schon zuvor in vielen Studien verwendet (Audigié et al., 1999; Licka et al., 2001a; Licka et al., 2001b; Peham et al., 2001; Pourcelot et al., 1998). Dieses Markerset ist jedoch nur zur Betrachtung des gesamten Pferderückens geeignet. Für die Bewegung einzelner Wirbelgelenke sind mehr Marker notwendig, da es sonst zu einer kinematischen Unterbestimmtheit kommt (Kapitel 5.4.3). Auch EMG-Messungen des langen Rückenmuskels im Schritt, im Trab und bei induzierter Biegung im Stand wurden bereits publiziert (Licka et al., 2009; Licka et al., 2004; Peham et al., 2001; Robert et al., 2001a; Robert et al., 2001b).

9.1.2. Material und Methode – Markerset A

Wie in Abbildung 56 ersichtlich, waren die Marker mit einem Durchmesser von 25 mm auf T5, T12, T16, L1, S1 und S2 platziert. Für diese kinematische Studie kamen zehn klinisch gesunde Pferde (5 – 20 Jahre, 450 – 700 kg) unterschiedlicher Rassen zum Einsatz. Die Bewegungen der reflektierenden Marker wurden von zehn *Motion Analysis*® *Eagle Digital* Kameras mit einer Bildrate von 120 Hz im Ganganalyselabor der klinischen Arbeitsgruppe für Bewegungsanalytik aufgezeichnet. Eine synchronisierte EMG-Messung (*Telemyo*® *Mini 16;* Velamed Medizintechnik GmbH, Köln, D) mit einer Abtastrate von 1200 Hz sorgte für die

Ermittlung der Aktivität des langen Rückenmuskels. Die Oberflächenelektroden waren ähnlich der Anordnung beschrieben von Peham et al. (2001) bilateral über dem *Longissimus dorsi* bei den *Procc. spinosi* auf Höhe T12, T16 und L3 angebracht. Für stabilen Elektrodenkontakt und geringen Hautleitwiderstand wurde an den benötigten Stellen das Fell entfernt und die Haut rasiert. Die Distanz zwischen den EMG-Elektrodenpaaren war rund 2 cm, gemäß den EMG Richtlinien nach Soderberg (1992).

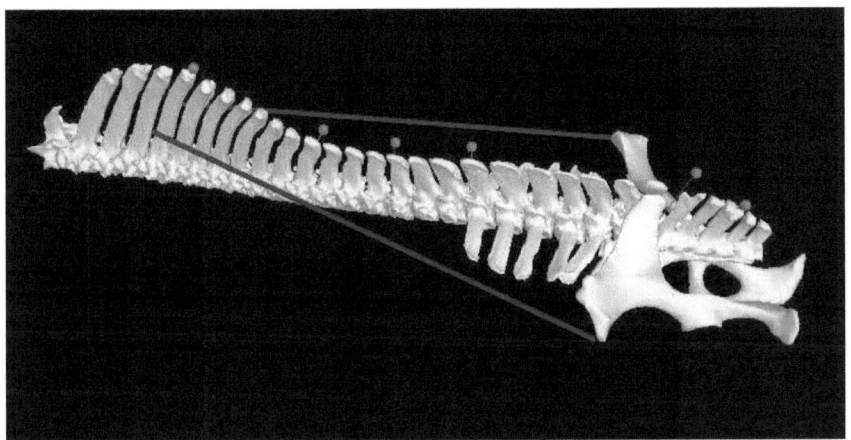

Abbildung 56 Modell mit sechs Markern und vereinfachtem Longissimus dorsi in *SIMM* aus Groesel et al. (2010)

Jede Messung dauerte fünf Sekunden und enthielt drei Biegungen der Wirbelsäule in jede Richtung. Durch das Drücken eines stumpfen Schlüssels in den Rückenmuskel zwischen T12 und T16 wurde eine reflexartiger Biegung nach lateral ausgelöst. Alle Bewegungen wurden von der gleichen Person eingeleitet.

Durch die geringe Anzahl an Markern war eine Einschränkung der Bewegungsfreiheit im Modell notwendig. Der maximale Bewegungsfreiraum in jedem Gelenk war limitiert mit ± 3° für LB bei einer Sperre von AR und FE.

Das Modell des Rückenmuskels in Abbildung 56 war eine Kombination aus den unterschiedlichen Regionen des *Longissimus dorsi* mit seiner mediolateral bzw. dorsoventralen Ausrichtung nach Ritruechai et al. (2008). Als Annäherung wurde ein einfacher Muskelstrang pro Seite erstellt, dessen Ursprung am *Tuber coxae* und dessen Ansatz am unteren lateralen Teil des *Proc. spinosus* von T5 gewählt wurde. Da kranial von T5 durch die breiten Muskelmassen die verborgenen Wirbel keine kinematischen Daten liefern konnten, war auch eine Weiterführung des Muskelmodells hier nicht notwendig.

Für eine Korrelation der Längenänderung des Muskels im Modell mit dem EMG-Signal musste dieses zuerst gleichgerichtet werden, mit einer Positivierung aller negativen Amplituden durch mathematische Betragsbildungen. Um einen Vergleich zwischen EMG- und Kinematikdaten zu ermöglichen, wurden die vollgleichgerichteten Roh-EMG-Aufzeichnung auf 120 Hz umgewandelt.

Der Einsatz eines Butterworth Low Pass Filters (7ter Ordnung) mit einer Grenzfrequenz von 10 Hz wurde schon in früheren Studien bei Peham et al. (2001) und Licka et al. (2009) beschrieben. Die geglätteten EMG Daten wurden integriert und mit der Verkürzung des *Longissimus dorsi* Muskel im Modell in Beziehung gesetzt (Abbildung 57).

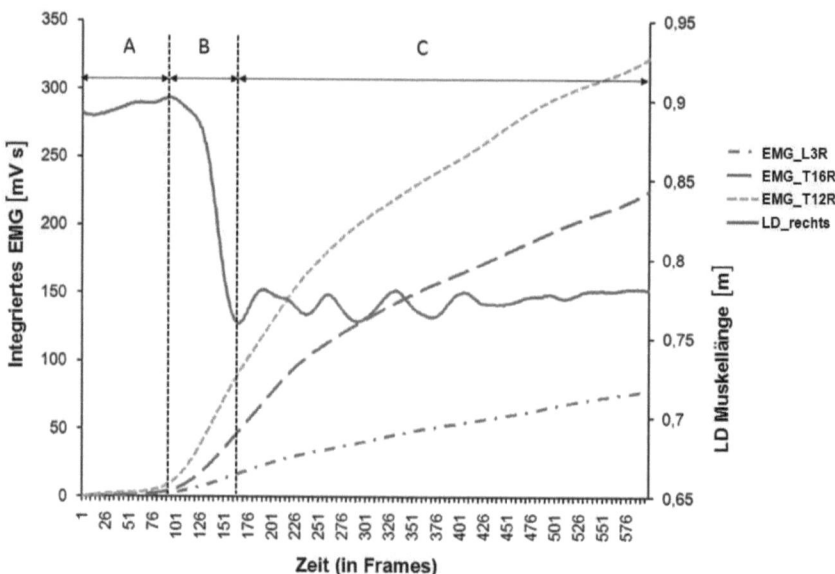

Abbildung 57 Gegenüberstellung von LD-Muskellänge [m] und integriertem EMG [mV s] aus Groesel et al. (2010)

Abbildung 57 zeigt eine Messung einer induzierten lateralen Biegung (ILB) nach rechts. Außerdem ist der direkte Vergleich der drei integrierten EMG (IEMG) – Signale auf Höhe T12, T16 und L3 mit dem sich verkürzenden Muskel LD_rechts im Modell zu sehen, berechnet durch die IK in *OpenSim*. Negative Pearson Korrelationskoeffizienten wurden vom Beginn der ILB-Bewegung bis zum maximalen

Grad der Flexion der Wirbelsäule berechnet. Von zehn Pferden wurden pro Seite drei Biegungen vermessen. Jede der insgesamt 60 Messsequenzen wurde in drei Sektionen unterteilt. Wie in Abbildung 57 dargestellt, ist der erste Teil (A) die Zeit, in der der Muskel noch entspannt und ohne signifikante Aktivität verweilt. In Sektion B verursacht der Reflex des Rückenmarks eine aktive Biegung bzw. Kontraktion des *Longissimus dorsi* und dadurch ein starkes EMG-Signal. Im Abschnitt C ist keine weitere Biegung der Wirbelsäule möglich. Durch die dennoch andauernde isometrische Muskelkontraktion war auch hier ein starkes EMG-Signal messbar. Da nur im mittleren Teil (B) der Messung eine aktive Verkürzung des Muskels vorlag, konnte für eine Korrelation auch nur dieser Bereich herangezogen werden.

9.1.3. Resultate – Markerset A

Die Korrelationen wurden in *Microsoft Excel 2007* (Microsoft Corp., Redmond, WA, USA) berechnet. Während der ILB nach links waren die Korrelationskoeffizienten (MW ± s) zwischen IEMG und konzentrischer Muskelverkürzung auf Höhe L3 und T16 -0,95 ± 0,04, auf Höhe T12 -0,95 ± 0,03. Für den rechten Teil waren die Korrelationen niedriger, mit -0,92 ± 0,07 bei L3 und T16 und -0,91 ± 0,07 bei T12 (Tabelle 1). Es zeigte sich kein signifikanter Unterschied zwischen den sechs EMG-Positionen (p > 0,05).

Tabelle 5 Korrelation zwischen IEMG und konzentrischer Muskelverkürzung

	Position EMG Signal					
	Links			Rechts		
	L3	T16	T12	L3	T16	T12
Korrelation	-0,95	-0,95	-0,95	-0,92	-0,92	-0,91
Standardabweichung	0,04	0,04	0,03	0,07	0,07	0,07
Schwankungsbereich	0,87-0,99	0,86-0,99	0,89-0,99	0,75-0,99	0,76-0,99	0,74-0,99

Der mittlere Bewegungsumfang in den Gelenken war 2,0 ± 0,4° für die Biegung der Rückenmitte nach rechts und 2,1 ± 0,7° nach links. Die maximale Auslenkung war 2,6° nach rechts und 2,9° nach links.

Abbildung 58 zeigt den angenähert linearen Zusammenhang zwischen den drei IEMG-Verläufen von LD und dem verkürzenden Muskel im Modell.

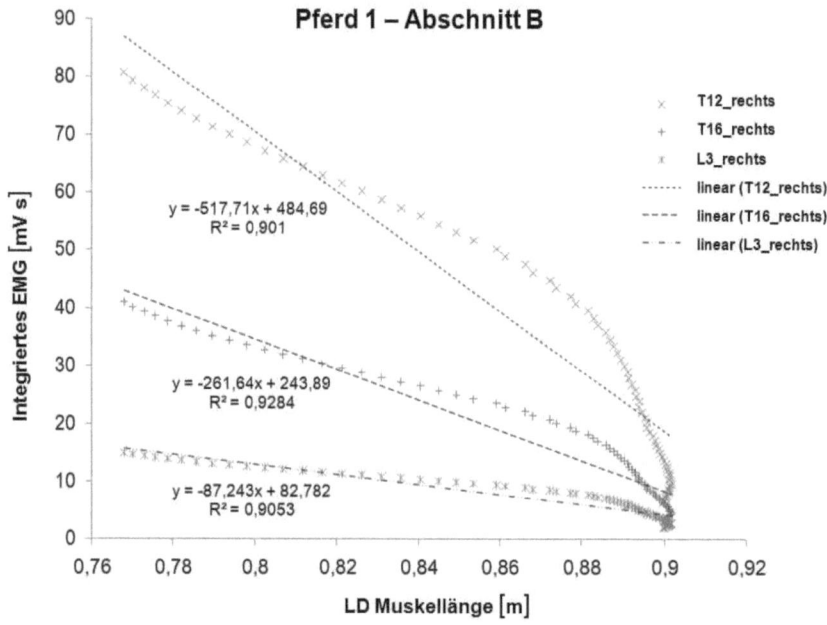

Abbildung 58 Linearer Zusammenhang von IEMG [mV s] und Muskellänge [m]

9.1.4. Diskussion – Markerset A

Die Korrelation für die rechte Seite des Rückens war in der Regel um 3% niedriger als für die linke Seite. Einen Grund könnten die unterschiedlichen Positionen der Segment- und Gelenkachsen liefern, die, wie in Kapitel 7.2 beschrieben, per Hand gesetzt werden mussten. Die Achsen sollten idealerweise im Zentrum der Drehachsen liegen, dennoch können schon geringe Abweichungen der Rotationsachsen die endgültige Bewegung im Modell beeinflussen. Das Zentrum eines Modellsegments hat große Einflüsse auf die resultierenden Kräfte durch veränderte Hebelarme und auf die endgültige Genauigkeit eines biomechanischen Modells (Delp et al., 1994; Pandy, 1999). Dennoch waren die möglichen Abweichungen bei dieser Studie zu gering um das Endergebnis maßgeblich zu beeinflussen. Der Unterschied von 3% in der Korrelation war vielmehr ein Resultat der geringen Anzahl an gemessenen Pferden.

Die Stärke der Haut, das Auftreten von Schweiß und der Grad an subkutanem Fettgewebe können auch einen beträchtlichen Einfluss auf die Resultate der EMG Messungen haben (Nordander et al., 2003). Auch wenn alle Pferde für klinisch gesund und orthopädisch unauffällig befunden wurden, können unentdeckte Rückenschmerzen jederzeit zu Aktivierungsungleichmäßigkeiten und frühzeitigen Ermüdungserscheinungen in der Wirbelsäulenmuskulatur führen (Oddsson und De Luca, 2003). Unterschiedlich starke maximale Muskelaktivitäten für den linken und rechten Teil der Rückenmuskulatur beim Pferd wurden auch von Zaneb et al. (2009) beobachtet. Auch eine „Händigkeit" bei Pferden kann bei der bevorzugten Nutzung der Muskulatur an einer Seite zu unterschiedlichen Ergebnissen führen (Whelan, 2003).

In dieser Vorstudie wurden nur sechs Hautmarker benutzt. Um die exakte Position eines Wirbels zu jedem Zeitpunkt bestimmen zu können, müssen mindestens drei Marker je Segment bekannt sein (Andersen et al., 2009). Wenn mehr als drei Marker pro Segment zur Verfügung stehen, können sogar Fehler während der Digitalisierung mit Hilfe der Methode der kleinsten Quadrate verringert werden. Daher sollten alle folgenden Messungen drei Marker pro benötigtem Knochen beinhalten. Dadurch wird auch eine Verdrehung des gesamten Modells im Raum, ausgelöst durch die rein lineare Anordnung der sechs Marker, verhindert. Fehler durch Hautverschiebungen zwischen Markern und Knochen werden aber immer ein grundlegendes Problem bleiben (van Weeren, 2009), wenngleich die Unterschiede zwischen Haut- und Knochenbewegung über der Spitze der *Procc. spinosi* noch relativ gering sind (Clancy et al., 2002).

Der Hüftknochen sollte als größtes Segment im Modell mit drei oder vier Hautmarkern an markanten Stellen besetzt werden, wie etwa die Dornfortsätze des *Os Sacrum* und beidseitig an den leicht palpierbaren Höckern der *Tubera coxae*.

Durch die geringe Anzahl an Markern in dieser Vorstudie war eine Verringerung der Bewegungsfreiheit auf ein Minimum von nur einer lateralen Biegung notwendig, da ein Modell mit 26 Segmenten und sechs Markern mathematisch hochgradig unterbestimmt ist. Daher musste die Zahl der Unbekannten verringert bzw. die Zahl der Systemgleichungen erhöht werden, bis das System eindeutig bestimmt ist (Morrison, 1968). Die einzige Möglichkeit dieses mathematische Problem zu lösen, war eine Fusion aller Gelenke durch eine Beschreibung mit ein- und derselben Funktion. Resultierend daraus wurde die Biegung der Wirbelsäule nach lateral auf alle Gelenke gleichmäßig aufgeteilt, andernfalls wären während der inversen Kinematik-Berechnung in *OpenSim* unendlich viele Lösungen möglich gewesen.

Die Wahl der EMG Oberflächenelektroden auf Höhe von T12 kann sich beim LB auch ungünstig auswirken, da in dieser Region in der Regel auch andere Muskeln als der LD, wie der *Lattissimus dorsi* oder *Rhomboideus thoracis*, aktiv sind. Da bei der Oberflächenmyografie die elektrischen Potentiale der unter den Elektroden liegenden Muskeln aufgezeichnet werden, können auch Signale von weiter entfernten Muskeln durch Volumenleitung den Ableitort erreichen. Dieses Phänomen wird als „Crosstalk" bezeichnet (Soderberg, 1992). Da die Biegung der Wirbelsäule in dieser Studie durch einen Reflex im *Longissimus dorsi* ausgelöst wurde und so der lange Rückenmuskel der Hauptaktuator in dieser Bewegung war, konnte eine Interferenz durch benachbarte Muskelgruppen weitgehend ausgeschlossen werden. Der vermutete lineare Zusammenhang zwischen IEMG von LD und dem sich verkürzenden Muskel im Modell konnte nach Guimarares et al. (1995) bestätigt werden (Abbildung 58).

Neben einer Vergrößerung der Markeranzahl und einer resultierenden Erhöhung der Modellkomplexität, musste auch eine präzisere Muskelmodellerstellung, siehe Kapitel 10, erreicht werden.

9.2. Markerset B1 – Tapemarker

9.2.1. Einleitung – Markerset B1

Nach dem aussagekräftigen Einstiegstest mit sechs 25 mm großen Hautmarkern, war eine komplette Neuorientierung bei der Auswahl an reflektierenden Markern notwendig. Wie schon in der Studie zuvor, konnten Übungs- und Versuchspferde der VMU Wien eingesetzt werden. Auch hier waren Hautmarker stets den Knochenmarkern vorzuziehen.

9.2.2. Material und Methode – Markerset B1

Um in den späteren Simulationen keine weitere mathematische Unterbestimmtheit, aber dennoch eine ausreichende Bewegungsfreiheit der Gelenke zu erhalten, war eine Anhebung der Markeranzahl auf drei pro gemessenes Segment unausweichlich. Durch die Anschaffung neuer Marker mit einem Durchmesser von nur 12 mm konnten mehr Marker auf geringem Raum platziert werden. Die neuen Marker (Abbildung 59) waren dennoch so nahe wie möglich am distalen Ende des knöchernen Dornfortsatzes an der Hautoberfläche angebracht. Zur Befestigung dienten ein doppelseitiges Klebeband (tesa® Hamburg, D, Montageklebeband – beidseitig klebend, 5 m x 19 mm, 55733-00010) und Superkleber (UHU® GmbH, Bühl, D, Alleskleber super 7g).

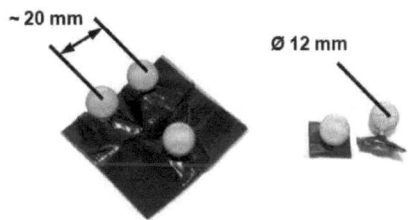

Abbildung 59 Tape- und Singulärmarker

Um mehrere Gelenke „freischalten" zu können und weiterhin parallel EMG-Messungen zu erlauben, wurde der Rücken in fünf Großsegmente eingeteilt (Abbildung 60). An den Enden der Großsegmente (Seg1 – Seg5) waren je drei Marker pro beklebten Knochen vorgesehen. So bestand das erste Segment aus der

Hüfte und dem Kreuzbein und das zweite Segment aus den vier Lendenwirbeln L6 bis L3. Im mittleren Teil des Wirbelsäulenmodells lagen mit L2 bis T16 das dritte, und mit T15 bis T11 das vierte Großsegment. Der letzte messbare Bereich war zwischen T10 und dem Widerrist da die Bewegungen der Wirbel im kranialen Part der Brustwirbelsäule mit Hautmarkern alleine nicht mehr sinnvoll ermittelt werden kann.

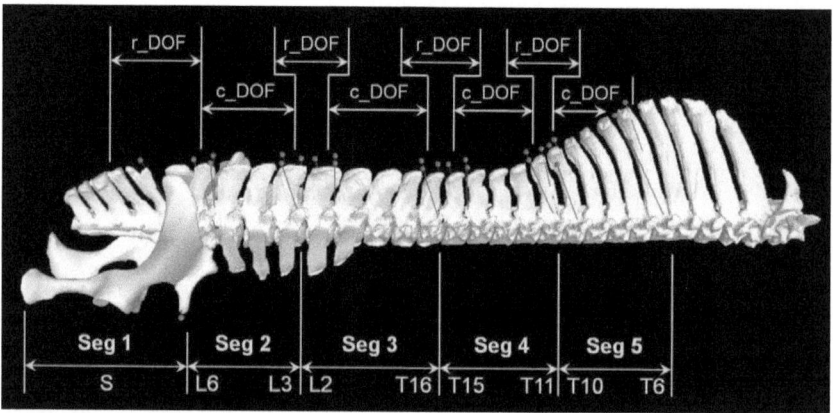

Abbildung 60 Aufteilung nach regulären und kombinierten Gelenken für Markersetup B1 und B2

Die Gelenke zwischen den Großsegmenten, wie etwa L3_L2 oder T16_T15 waren mit je sechs Markern mathematisch eindeutig bestimmt. Daher konnten hier in diesen Gelenken, die auch als r_DOF (regular Degree Of Freedom) bezeichnet wurden, Bewegungen mit drei DOF berechnet werden. Die Bewegung der Gelenke innerhalb der Großsegmente musste, ähnlich wie in Markerset A wenn auch nicht über so viele Segmente, gemittelt werden. Die c_DOF-Bereiche (combined Degree Of Freedom) L6 bis L3 beispielsweise in Segment 2 mussten die Bewegungsinformationen der Marker an den Enden verarbeiten. Das bedeutete, dass die Zwischengelenke (L6_L5, L5_L4, L4_L3) zu einem Gelenkkomplex (L6_L3) „verwuchsen" und die drei Hauptrotationen gleichmäßig verteilt ausüben sollten.

9.2.3. Resultate – Markerset B1

Mit insgesamt 27 Hautmarkern an Rücken und Hüfte wären demnach theoretisch 24 DOF im Modell innerhalb der Wirbelsäule an Rotationen möglich. Leider hat die Positionierung der Tapemarker, wie in Abbildung 59 dargestellt, keine brauchbaren Resultate liefern können.

9.2.4. Diskussion – Markerset B1

Durch die Anordnung von drei Markern in einer horizontalen Ebene war bei der Datenaufnahme im Labor keine eindeutige Sequenzierung durch das Motion Capture System realisierbar. Da bei den Messungen immer ein gewisser Sicherheitsabstand zwischen Pferd und Kamera eingehalten werden musste, und sei es nur um das Pferd problemlos in den Messbereich zu führen, war für dieses Markersetup der Einfallswinkel der Sehstrahlen nicht ausreichend um die Marker einwandfrei zu unterscheiden. Durch das gegenseitige Verdecken der Marker entstanden Messlöcher, die das Datenmaterial nicht sinnvoll bearbeiten ließen und so unbrauchbar machten. Möglicherweise hätten Kameras an der Decke Abhilfe geschaffen und die hohe Anzahl an Markern auf solch geringer Fläche unterscheiden können.

9.3. Markerset B2 – Holzmarker

9.3.1. Einleitung – Markerset B2

Durch die in Kapitel 9.2.3 erwähnten unbrauchbaren Messergebnisse während den Motion Capture Aufnahmen mit Markerset B1, wurden nach dem Vorbild aus den Studien von Faber et al. (2000; 2001a; b) die Marker in senkrechter Dreiecksform angeordnet. Die Aufteilung der Marker über die Wirbelsäulensegmente verblieb wie zuvor festgelegt.

9.3.2. Material und Methode – Markerset B2

Die Abmessungen der neuen Markerdreiecke sind der Abbildung 61 zu entnehmen.

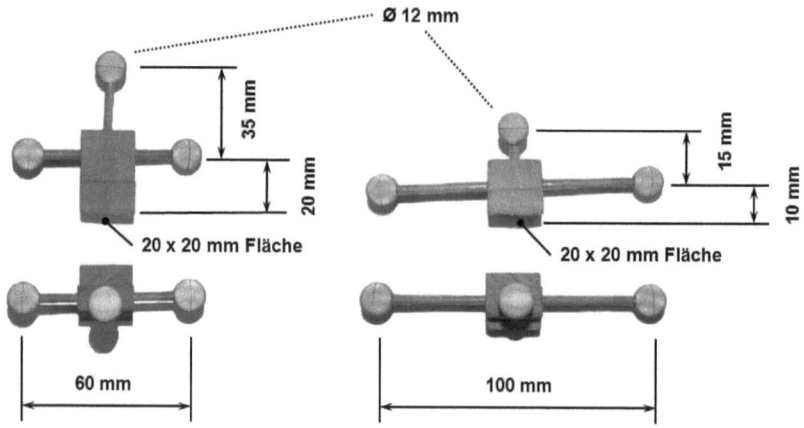

Abbildung 61 Zwei verschiedene Holzmarkermodelle und ihre Abmessungen, Ansicht von lateral und dorsal

Vermessen wurde auch diesmal ein Übungspferd der VMU Wien. Vor der Platzierung der 20 x 20 mm Holzmarkersockel über den Dornfortsätzen wurde das Fell durch Rasierer (erst elektrisch, dann nass) entfernt, um die Marker so gut wie möglich mit doppelseitigem Klebeband (tesa® Hamburg, D, Montageklebeband – beidseitig klebend, 5 m x 19 mm, 55733-00010) und Superkleber (UHU® GmbH, Bühl, D, Alleskleber super 7g) zu befestigen. Die Anordnung von drei Markern auf einem

Sockel sollte auch eine kinematische Überbestimmtheit verhindern, da die Marker starr miteinander verbunden waren.

Als Gangart wurde Schritt mit 1,23 m/s gewählt, da hier, im Gegensatz zum Trab, größere Bewegungen in den Gelenken stattfinden (van Weeren, 2009). Für die Berechnung der Gelenkwinkelstellungen und ihres allgemeinen Bewegungsumfangs im Rückenmodell wurde das gemessene TRC-File in Bewegungszyklen (BWZ) unterteilt. Dafür wurden zusätzlich die Hufe lateral mit Singulärmarkern bestückt. Ein Marker pro Huf war in diesem Fall ausreichend, da nur eine Einteilung in Bewegungszyklen, nicht aber die genaue Lage der Hufe im Raum notwendig war. Ein BWZ begann mit dem Auftreten des rechten Vorderhufes. Das Ausmaß der Bewegungsumfänge der freigeschalteten Gelenke nach Abbildung 60 wurden aus sieben Bewegungszyklen ermittelt.

9.3.3. Resultate – Markerset B2

Die Gelenkbewegungen wurden in *Microsoft Excel 2007* berechnet. Die Absolutbewegungen der Gelenke waren im Schritt für die axiale Rotation im kaudalen Bereich größer als im kranialen Teil der Wirbelsäule. Während im Lumbosakralgelenk der Bewegungsumfang zwischen 1,8° und 2,7° lag, waren es im Bereich der vorderen c_DOF-Gelenke T10_T6 nur noch 0,6° - 0,8° AR (Tabelle 6). Für die Biegung nach links und rechts hatte das reguläre Gelenk T11_T10 mit 2,1° - 3,7° die größte Bewegung, danach folgte S_L6 mit 1,4° - 2,1°. Alle anderen lateralen Bewegungen waren meist gering (Tabelle 7). Bei der Flexion-Extension war die Biegung im Lumbosakralgelenk 0,9° - 1,7°, in den kombinierten Lendenwirbelgelenken L6_L3 1,2° bis 1,8° (Tabelle 8).

Tabelle 6 Bewegungsumfang in Grad [°] der Gelenke nach Markerset B2 für AR

AR	ROM [°] der BWZ								
	1	2	3	4	5	6	7	Mittel	s
S_L6	2,5	2,3	2,7	2,5	2,0	2,5	1,8	2,3	0,3
L6_L3	1,9	2,0	1,5	1,9	1,5	2,4	2,0	1,9	0,3
L3_L2	1,3	1,5	1,6	1,4	1,8	1,6	1,4	1,5	0,1
L2_T16	1,1	1,0	0,9	1,0	0,9	1,0	0,6	0,9	0,2
T16_T15	1,3	0,5	1,2	1,4	1,4	1,1	0,6	1,1	0,4
T15_T11	0,7	0,8	0,6	1,0	0,6	0,7	0,9	0,8	0,2
T11_T10	0,8	0,7	0,7	1,1	0,6	1,0	1,0	0,9	0,2
T10_T6	0,7	0,7	0,7	0,7	0,6	0,6	0,8	0,7	0,1

Tabelle 7 Bewegungsumfang in Grad [°] der Gelenke nach Markerset B2 für LB

LB	ROM [°] der BWZ								
	1	2	3	4	5	6	7	Mittel	s
S_L6	1,6	1,8	1,4	2,1	1,6	2,1	1,7	1,7	0,2
L6_L3	0,8	0,8	0,9	0,8	0,7	1,1	1,0	0,9	0,1
L3_L2	1,3	1,1	1,2	1,4	1,1	1,4	1,3	1,3	0,1
L2_T16	0,6	1,3	0,9	1,3	1,1	1,7	1,6	1,2	0,4
T16_T15	1,1	1,3	1,0	1,3	1,5	1,5	1,3	1,3	0,2
T15_T11	0,8	0,8	0,8	1,4	0,9	1,3	1,1	1,0	0,2
T11_T10	2,1	3,7	2,7	3,0	2,1	2,7	3,4	2,8	0,6
T10_T6	1,1	1,1	1,3	0,9	1,3	1,1	1,7	1,2	0,2

Tabelle 8 Bewegungsumfang in Grad [°] der Gelenke nach Markerset B2 für FE

FE	ROM [°] der BWZ								
	1	2	3	4	5	6	7	Mittel	s
S_L6	1,7	0,9	1,7	1,7	1,5	1,6	1,3	1,5	0,3
L6_L3	1,7	1,3	1,6	1,3	1,2	1,6	1,8	1,5	0,2
L3_L2	0,7	0,6	1,0	0,7	0,8	0,6	0,7	0,7	0,1
L2_T16	1,0	0,9	0,8	1,2	1,0	0,9	0,7	0,9	0,2
T16_T15	0,7	1,4	1,6	1,3	1,7	1,0	1,0	1,3	0,4
T15_T11	1,0	0,9	0,6	1,3	1,0	0,6	0,5	0,9	0,3
T11_T10	0,8	1,1	0,5	0,7	0,7	0,8	0,9	0,8	0,2
T10_T6	0,7	0,5	0,4	0,5	0,3	0,3	0,3	0,4	0,1

9.3.4. Diskussion – Markerset B2

Das Modell mit 24 intervertebralen Freiheitsgraden konnte physiologische Bewegungen mit angemessener Genauigkeit wiedergeben. Der Einsatz von drei Markern pro Segment ermöglichte zu jeder Zeit eine eindeutige Positionsbestimmung der Knochen im Raum. Durch eine Besetzung der Großsegmentendungen konnten nicht beklebte Knochen in der Bewegung mit Hilfe der kombinierten Gelenke berücksichtigt werden. Die Bereiche in der Mitte der Großsegmente erlauben spätere EMG-Messungen des medialen Muskelstrangs des *Longissimus dorsi* ohne Behinderung der Kabel durch die Holzmarker.

Auch wenn eine komplette Abdeckung aller Wirbeln mit Hautmarkern den Einsatz von c_DOF verhindern würde, erschien diese Messmethode nicht sinnvoll, da die absoluten Bewegungen der Marker zu einander schon mit diesem Setup dermaßen gering waren (Tabelle 6, Tabelle 7 und Tabelle 8).

Kranial vom Mähnenansatz ab Höhe T8, manchmal erst T9 kann am Widerrist nur mehr mit Singulärmarkern gearbeitet werden. Die Anbringung des Holzmarkers direkt über der Spitze des Dornfortsatzes wäre aufgrund der Mähne nicht möglich, da dort die Verschiebung zwischen Markern und Haut extrem groß ist. Neben einem möglichen Verdecken der seitlich gesetzten Marker durch die Mähne kann auch der immer größer werdende Abstand vom eigentlichen Bewegungszentrum problematisch sein. Der Einsatz von c_DOF-Gelenkdefinitionen lieferte brauchbare Ergebnisse, daher sollte für eine gleichmäßigere Markerverteilung jeder dritte Wirbel gemessen werden.

9.4. Finales Markersetup mit Modellvalidierung

9.4.1. Einleitung – Finales Markerset

Im folgenden Kapitel wird eine Markersetup-Endlösung mit gleichverteilten Markern präsentiert, die alle positiven Erkenntnisse der letzten Messungen berücksichtigt. Da die Ergebnisse der Gelenkbewegungen in den Messungen zuvor sehr gering ausfielen, schien es sinnvoller die Winkel von Holzmarkerebenen über drei Gelenke zueinander zu korrelieren. So konnte in jeden Holzmarker eine Ebene (definiert durch die drei Marker) gelegt werden und der orthogonale Winkel dazu als Maß für die Bewegung herangezogen werden. Die Relationen der Winkeländerungen zueinander wurden als Modellvalidierung eingesetzt. Eine regelmäßige Verteilung der Marker auf jeden dritten Wirbel hatte auch den Vorteil, dass das Motion Capture System die reflektierenden Marker wesentlich leichter differenzieren konnte und Messlöcher sehr selten wurden.

9.4.2. Material und Methode – Finales Markerset

Als Basissegment im Modell diente weiterhin die Hüfte, welche schon zuvor genau gemessen werden konnte. Durch Singulärmarker an den *Tubera coxae* sowie am Kreuzbein wurde die allgemeine Ausrichtung der Wirbelsäule festgehalten. Da im Lumbosakralgelenk stets eine große Bewegung stattfindet, musste der letzte Lendenwirbel definitiv mit einem Holzmarker (Abbildung 61) belegt werden. Nur so konnte in einem r_DOF die volle Bewegungsfreiheit realisiert werden. Danach wurde in regelmäßigem Abstand von drei Wirbeln je ein Holzmarker platziert. Die Abbildung 62 zeigt das finale Markerset am Rücken eines Pferdes kurz vor der Messung. Beginnend bei L6 wurde jeder dritte Wirbel berücksichtigt (L6, L3, T18, T15, T12, T9 & T6). Im rechten Teil der Abbildung 62 ist zur Verdeutlichung der kaudale Bereich der Brustwirbelsäule vergrößert dargestellt.

Die Haut über den Dornfortsätzen wurde sorgfältig präpariert (Rasur und Reinigung mit Alkohol) um die Markerfixierungen so stabil wie möglich zu halten. Dieser Anstieg an Genauigkeit der Messung ist gerade bei der Anwendung von Hautmarkern besonders relevant.

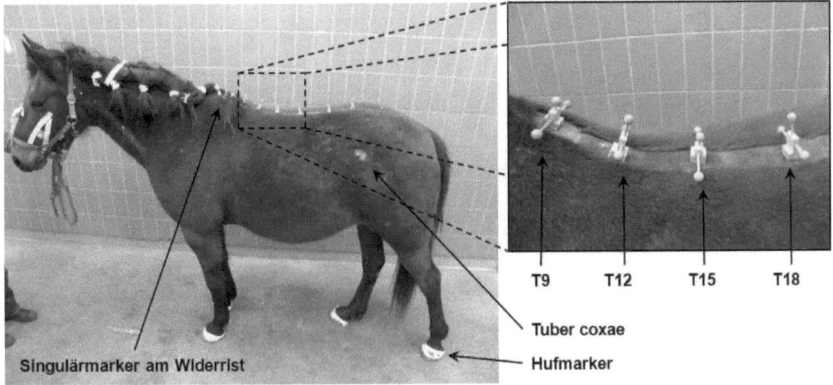

Abbildung 62 Finales Markerset

Durch das gleichmäßige Verteilen der Marker konnte allerdings mit Ausnahme des Gelenks zwischen L6 und *Os Sacrum* nur mit c_DOF-Gelenken im Modell gearbeitet werden. Wie die Messungen aus Kapitel 9.3 gezeigt haben, waren die Bewegungen der Wirbel so gering, dass diese mehrgelenkige Bewegungsaufteilung durchaus zulässig war.

Die Abschlussmessung mit dem finalen Markerset wurde wieder im Schritt bei 1,24 m/s durchgeführt. Da die letzten Berechnungen der Bewegungsumfänge aller freien Gelenke keine aussagekräftigen Ergebnisse liefern konnten, wurden nun die Winkel zwischen Markerebenen über drei Gelenke beobachtet. Dabei wurde ein Bewegungszyklus im Schritt ausgewählt und, nach der Skalierung des Modells an die Größenverhältnisse des gemessenen Pferdes, zunächst eine IK-Lösung in *OpenSim* erstellt. Als Grundlage für die Winkelbestimmungen zwischen den Markern dienten hier nicht die gemessenen Holzmarkerkoordinaten sondern die angepassten Markerpositionen durch *OpenSim* (_px/_py/_pz, siehe Kapitel 8.3). Jedes Segment bezog Informationen aus drei berechneten Markern. Aus diesen drei Markern wurde durch die Bestimmung zweier Vektoren eine Ebene gelegt. Da ein Kreuzprodukt zweier Vektoren senkrecht zur erzeugten Ebene steht, war dieser orthogonale Vektor ideal zur segmentübergreifenden Winkelanalyse geeignet. Die große Beweglichkeit zwischen Hüfte und Lendenwirbelsäule war bereits bekannt und wurde in den folgenden Berechnungen nicht weiter behandelt. Für die Umrechnung der kartesischen Koordinaten der durch IK angepassten Marker $P(x, y)$ in Polarkoordinaten $P(r; \varphi)$ kam die Arkustangens-2-Funktion zum Einsatz, da der einfache Arkustangens nicht in der Lage ist, den Winkel im korrekten Quadranten zu bestimmen. Außerdem ist die Tangensfunktion für einen Wert von $\pm \frac{\pi}{2}$ nicht umkehrbar.

Die Funktion des Arkustangens 2 ist für die x- und y-Koordinate als Argumente wie folgt definiert:

$$arctan2(y;x) := \begin{cases} \arctan\frac{y}{x} & \text{für } x > 0 \\ \arctan\frac{y}{x} + \pi & \text{für } x < 0, y \geq 0 \\ \arctan\frac{y}{x} - \pi & \text{für } x < 0, y < 0 \\ +\frac{\pi}{2} & \text{für } x = 0, y > 0 \\ -\frac{\pi}{2} & \text{für } x = 0, y < 0 \\ 0 & \text{für } x = 0, y = 0 \end{cases} \qquad (15)$$

mit einem Wertebereich

$$-\pi < arctan2(y,x) < \pi \qquad (16)$$

Da der Winkel im Bogenmaß mit einem Wert von $-\pi$ und $+\pi$ ausgegeben wird, war noch eine Umrechnung in Grad notwendig:

$$1\ rad = \frac{360°}{2\pi} = \frac{180°}{\pi} \approx 57{,}3° \qquad (17)$$

Zwischen dem sechsten Lendenwirbel und dem sechsten Brustwirbel wurden die Winkel der folgenden Vektorprodukte jeweils für die drei Hauptrotationen (FE, AR und LB) berechnet:

L6_L3,   L3_T18,   T18_T15,   T15_T12,   T12_T9,   T9_T6

9.4.3. Resultate – Finales Markerset

Die Winkelveränderungen von jeweils zwei benachbarten Kreuzvektoren zueinander (z.B. orthogonaler Vektor der L6-Ebene zum orthogonalen Vektor der L3-Ebene) sind für FE in Abbildung 63 und für LB und AR in Abbildung 64 gezeigt. Die vier Standbeinphasen sind mit grauen Balken gekennzeichnet (RV = rechts vorne; LH = links hinten usw.). Die Abszisse zeigt den gesamten Bewegungszyklus in Prozent, während die Ordinate die Relativbewegung der Kreuzprodukte zueinander in Grad angibt.

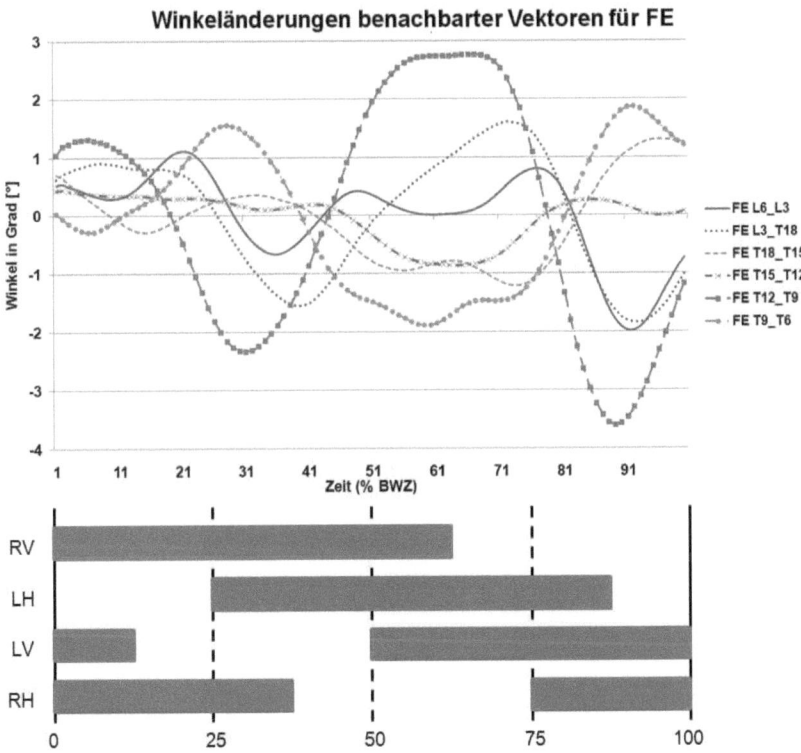

Abbildung 63 Winkeländerungen in Grad [°] der sechs Vektorbeziehungen für FE

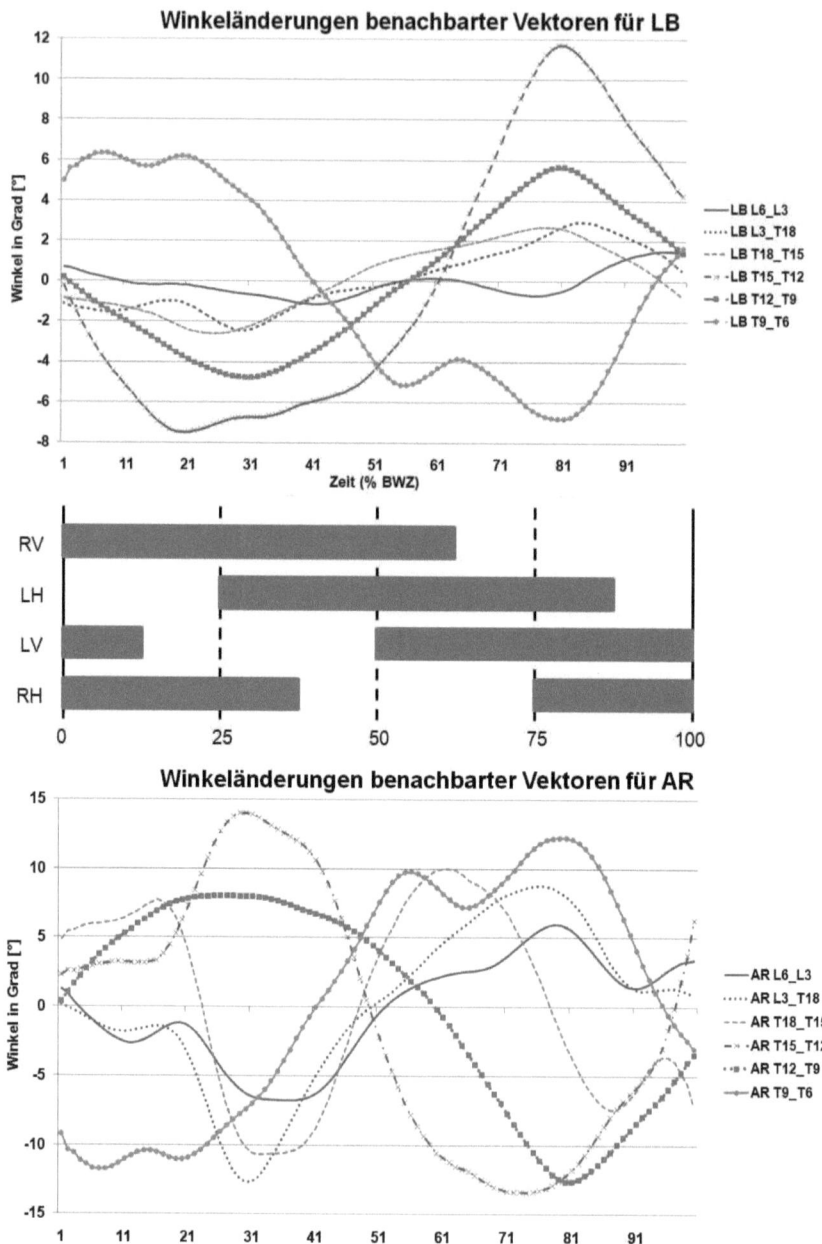

Abbildung 64 Winkeländerungen in Grad [°] der sechs Vektorbeziehungen für LB und AR

Zur statistischen Auswertung der folgenden Ergebnisse kam *PASW 17.0* (IBM – SPSS Inc., Chicago, IL, USA) zum Einsatz. Wie in Tabelle 11 ersichtlich, wurde jeder Winkel der drei Freiheitsgrade mit den restlichen Winkeln in Korrelation nach Pearson gesetzt. Die Pearson-Korrelation ist ein dimensionsloses Maß für den Grad des linearen Zusammenhangs zwischen zwei intervallskalierten Merkmalen und kann Werte zwischen -1 und +1 annehmen. Die Korrelationen mit einer Irrtumswahrscheinlichkeit von $p < 0,05$ sind in Tabelle 11 *kursiv* gehalten. Die **fett** markierten Werte sind höchst signifikant mit $p < 0,01$. Als zusätzliche Orientierungshilfe sind die negativen Korrelationen hell, während die positiven Korrelationen dunkel gehalten sind.

Die Beziehungen direkt benachbarter Winkel sind in Tabelle 9 gezeigt.

Tabelle 9 Winkelkorrelationen getrennt nach Freiheitsgraden

Korrelationen benachbarter Winkel ($p < 0,01$)					
Winkel 2		Winkel 1	LB	AR	FE
L3_T18	+	L6_L3	0,27	0,89	0,78
T18_T15	+	L3_T18	0,87	0,51	-0,66
T15_T12	+	T18_T15	0,78	-0,54	0,62
T12_T9	+	T15_T12	0,97	0,77	-0,59
T9_T6	+	T12_T9	-0,71	-0,68	-0,89

Da die Bewegung der Wirbelsäule zur Seite immer mit einer axialen Rotation verbunden ist, zeigt die Tabelle 10 die Korrelation von LB mit AR innerhalb der Großsegmente.

Tabelle 10 Innersegmentale Korrelation von LB und AR

Korrelationen von LB + AR innerhalb der Segmente					
L6_L3	L3_T18	T18_T15	T15_T12	T12_T9	T9_T6
0,49	0,81	0,25	-0,72	-0,99	-0,99

Tabelle 11 Winkelkorrelationen nach Pearson

Pearson Korrelationen

Winkel		FG	L6_L3 FE	L6_L3 AR	L6_L3 LB	L3_T18 FE	L3_T18 AR	L3_T18 LB	T18_T15 FE	T18_T15 AR	T18_T15 LB	T15_T12 FE	T15_T12 AR	T15_T12 LB	T12_T9 FE	T12_T9 AR	T12_T9 LB	T9_T6 FE	T9_T6 AR	T9_T6 LB
L6_L3		FE	1.00																	
		AR		1.00																
		LB	-0.47	0.49	1.00															
L3_T18		FE	0.73	0.39	-0.20	1.00														
		AR	-0.33	0.89	0.23	0.45	1.00													
		LB	-0.56	0.76	0.27	0.64	0.81	1.00												
T18_T15		FE	0.49	0.35		-0.66	-0.41	-0.56	1.00											
		AR		0.70		0.19	0.51	-0.49	0.25	1.00										
		LB					0.85	0.87	-0.58	0.25	1.00									
T15_T12		FE	-0.30	-0.32		-0.31	-0.45	-0.32	0.62	-0.47	-0.58	1.00								
		AR		-0.77		-0.40	-0.90	-0.82	0.52	-0.54	-0.92	0.60	1.00							
		LB	0.60	0.83	0.38	0.78	0.76	0.90			0.78	-0.59	-0.72	1.00						
T12_T9		FE	0.28	0.26			0.45		-0.70	0.82	0.27	0.22	-0.38	-0.99	1.00					
		AR	-0.84	-0.84	-0.37	-0.59	-0.80	-0.92			-0.82	-0.29	0.77	0.97		1.00				
		LB	-0.21	0.89	0.38		0.87	0.92	0.83		0.86	0.66	-0.84	0.65	-0.89	-0.99	1.00			
T9_T6		FE	-0.48	-0.25	0.38		-0.53	0.79	-0.52	-0.66	-0.52	-0.63	0.52	-0.66		-0.68	0.70	1.00		
		AR		0.54			0.67				0.92	0.66	-0.76			0.69		-0.49	1.00	
		LB	0.19	-0.54			-0.67	-0.80	0.50		-0.93	0.62	0.77	-0.66			-0.71	0.48	-0.99	1.00

9.4.4. Diskussion – Finales Markerset

Diese Resultate haben gezeigt, dass durch die Bewegung des Rückens in Form einer Wirbelkette nicht jeder Wirbel mit drei Markern belegt sein muss, um ein natürliches Bewegungsmuster einwandfrei simulieren zu können.

Je ähnlicher eine Winkeländerung B (z.B. LB von T15_T12) gegenüber der benachbarten Winkeländerung A (z.B. LB von T12_T9) war, desto höher war ihre positive Korrelation (Abbildung 64 und Tabelle 9). Eine Änderung von Winkel 2 gegenüber Winkel 1, die gegengleich auftrat, erzeugte eine hohe negative Korrelation (siehe FE T12_T9 zu FE T9_T6 in Abbildung 63 und Tabelle 9).

Die abwechselnd positive/negative Korrelation in der FE-Bewegung lässt auf einen wellenförmigen Schwingungsverlauf des Rückens von kaudal nach kranial schließen. Ein rhythmisches Schwingen der Wirbelsäule in dorsoventraler Richtung dokumentierten auch Nickel et al. (2001). Grund dafür ist die Weiterleitung des Bewegungsimpulses durch die hintere Extremität (Haussler, 1999). Das Ausmaß der Winkeländerungen benachbarter Kreuzvektoren reichte von 1,3° (FE T15_T12) bis 6,4° (FE T12_T9). Zwar erzielten Faber et al. (2000) ähnliche Ergebnisse mit Knochenmarkern, jedoch waren die beiden Betrachtungsweisen grundsätzlich verschieden. Bei Faber et al. (2000) wurden die Bewegungen der Marker am Wirbel durch ein globales Koordinatensystem ermittelt, während in dieser Dissertation anhand eines biomechanischen Modells die relativen Winkelveränderungen gegenüber zweier Wirbelmarkersets berechnet wurden.

Die Korrelationen der Winkeländerungen der benachbarten Segmente aus Tabelle 9 für LB zeigten auch hier, dass der Rücken als Kette fungiert. Mit Ausnahme des letzten Winkelverlaufs (T9_T6) sind in Abbildung 64 die Veränderungen der Winkel für LB über den gesamten Bewegungszeitraum sehr ähnlich. Besonders im mittleren Bereich der betrachteten Wirbelsäule (T15_T12) ist das Ausmaß der Winkeländerung mit 19,2° besonders groß. Nach den Studien von Townsend et al. (1983) liegt die größte Bewegungsfreiheit für laterale Biegung in diesem Bereich der Wirbelsäule (Tabelle 1). Die Betrachtung der Biegung begann in dieser Korrelation erst bei L6. Einen Großteil der Richtungsweisung für die laterale Biegung leitet allgemein bereits die Hüfte ein, welche in dieser Korrelation nicht berücksichtigt wurde. Aus der Sicht vom letzten Lendenwirbel beginnend nach kranial zeigte sich eine gleichmäßige Beziehung der Winkeländerungen zueinander durch eine stetige

Biegung über die Wirbelsäule bis kurz vor den Widerrist. Allein die Winkeländerung kurz vor T6 führte zu einem negativen Korrelationskoeffizienten. Eine mögliche Erklärung ist der Einfluss der Bewegung des Schulterblattes mit umliegendem Weichteilgewebe auf die Hautmarker am Widerrist während der Standphasen der vorderen Extremitäten (Lawson und Marlin, 2010). Die wellenartige Einbiegung zur Seite abhängig von der Fußfolge, die im Schritt am stärksten ausgeprägt ist (Ranner, 1997), ist in Abbildung 64 deutlich zu erkennen. Da laterale Biegung niemals ohne axiale Rotation auftritt (van Weeren, 2009), ist die Aufteilung der Bewegung in LB und AR immer von der Wahl der Gelenkdefinition im Modell und den Berechnungsmethoden abhängig. Daher lässt sich eine genaue Aufteilung dieser gekoppelten Bewegung in zwei Freiheitsgrade leider nicht eindeutig realisieren. Eine Koppelung dieser gemeinsamen Bewegung zeigten auch die Korrelationen von LB und AR innerhalb der Segmente in Tabelle 10. Besonders die gegengleichen Bewegungen im vorderen Bereich der BWS (Abbildung 64) zeigten größtmögliche Korrelationen (Tabelle 10 und Tabelle 11). Die negative Korrelation ergibt sich höchstwahrscheinlich aus der Erhöhung der Steifigkeit der Brustwirbelsäule durch den Brustkorb. Dabei wird die laterale Biegung der Wirbel durch die Rippen aktiver unterdrückt als die axiale Rotation (Watkins IV et al., 2005).

Der Bewegungsumfang in der axialen Rotation war, wie die der lateralen Biegung, im mittleren Teil der BWS (AR T15_T12) mit 27,4° am größten. Diese Ergebnisse decken sich mit denen in Abbildung 13 von Townsend et al. (1983).

Die getrennte Betrachtung von AR und LB ist im Bereich des Widerristes besonders schwierig, da hier die Marker vom eigentlichen Drehmittelpunkt des Gelenks weit entfernt waren. Hier wurden rein die relativen Winkeländerungen der weit dorsal gesetzten Holzmarker in Beziehung zueinander gesetzt. Aber auch die Position des Kopfes hat mit dem Zug über das Nackenband (*Lig. nuchae*) einen großen Einfluss auf den Bereich des Widerristes (Ziermann, 2006). Die abwechselnd positiven und negativen Korrelationen in der axialen Rotation könnten so durch starke Hautverschiebungen durch die Einwirkung der Bewegung des *Lig. nuchae* beim Widerrist und *Lig. supraspinale* (Dornspitzenband) im kaudalen Bereich der Wirbelsäule erklärt werden.

10. Modellerstellung des Longissimus dorsi

Neben der Erstellung eines optimierten Hautmarkersetups war auch die Modellerstellung des langen Rückenmuskels ein Teil dieser Dissertaion. Einen sehr guten Einblick über die funktionellen und mechanischen Eigenschaften dieses Muskels gibt von Scheven (2010). In dieser Arbeit wurden 21 *Longissimus dorsi* Muskeln aus 7 Pferden und 6 Ponys seziert und makroskopisch vermessen. Neben den Ursprungs- und Ansatzpunkten des medialen und lateralen Teils des LD, wurde auch die Muskelmasse, Faserlänge, Fiederungswinkel, PCSA und Muskelvolumen bestimmt. Diese Parameter waren zwar für die Modellerstellung des LD informativ, mussten jedoch für das detaillierte Muskelmodell in *SIMM* komplett neu angepasst werden.

Abbildung 65 zeigt die Muskelfaserausrichtungen des medialen und lateralen Teils des rechten LD im Bereich der LWS. Mit den senkrechten Pfeilen ist die Faszie gekennzeichnet, die zwischen den beiden Muskelpartien liegt und diese voneinander trennt. Am stärksten ist die Faszie von T17 bis L5 ausgeprägt.

Abbildung 65 Muskelfaserausrichtungen des medialen und lateralen LD nach von Scheven (2010)

Die Orientierung der Muskelfasern ist mit weißen Pfeilen hervorgehoben und im mittleren Teil von medial kraniodorsal nach lateral kaudoventral, während der äußere Bereich mit einer kranioventral kaudodorsalen Ausrichtung gegengleich verläuft (von Scheven, 2010).

Im Rahmen eigener Sektionen am Institut für Anatomie und Histologie der VMU Wien an frischen Pferdekadavern, deren Tod in keinem Zusammenhang mit diesen Untersuchungen lagen, konnten mit der Unterstützung von Ao.Univ.Prof. Dr.med.vet. Gerhard Forstenpointner tiefere Einblicke in die Muskelarchitektur des LD gewonnen werden. In Abbildung 66 ist, nach Entfernung der dorsalen Sehnenplatte, der mediale Teil des rechten LD dargestellt. Die Spitzen der *Procc. spinosi* aller Brust- und Lendenwirbel wurden durch 2,5 x 60 mm Stahlnägel markiert. Der gelbe Pfeil soll die Länge und Ausrichtung einer Muskelfaser verdeutlichen. Die Längen der Fasern wurden an mehreren Stellen vermessen (Abbildung 66).

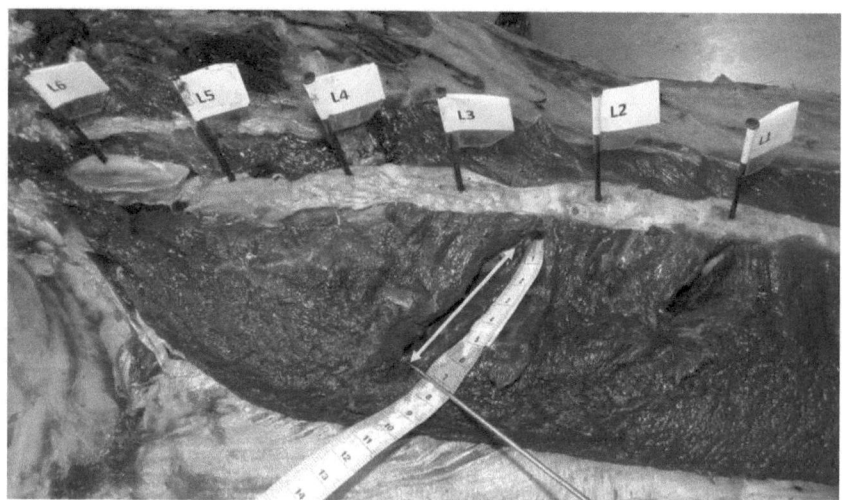

Abbildung 66 Makroskopisches Vermessen einzelner Muskelfasern im medialen Teil des rechten LD

Durch einen senkrechten Schnitt quer durch den Muskel im rechten Winkel zur Faserausrichtung konnte der PCSA geschätzt werden. Obwohl diese Messungen zügig nach dem Eintritt des Todes durchgeführt wurden, muss davon ausgegangen werden, dass sich der ursprüngliche Muskelquerschnitt durch Flüssigkeitsverlust und Verringerung der Grundspannung nach Entfernung der Sehnenplatte verringert hat. Da zwischen Muskel und Knochen nur sehr kurze Sehnen gemessen wurden, konnte die Tendon Slack Length (Sehnen-Ruhelänge), siehe Kapitel 4.5, sehr klein gewählt werden ($l_S^T = 0{,}001$). Im Rückenmodell musste der LD mit seinen großen Ursprungs- und Ansatzflächen aus vielen einzelnen Muskelsträngen zusammengesetzt werden. Diese Einzelmodelle wurden in dergleichen Orientierung wie die der natürlichen Muskelfasern gesetzt. Dabei wurde auf die Ausrichtung der großen Sehnenplatten keine Rücksicht mehr genommen, wodurch der Fiederungswinkel α bei der Festlegung der Muskelparameter gleich null war. Für den physiologischen Muskelquerschnitt wurde, in Anlehnung an die Messungen durch Ritruechai (2008) und von Scheven (2010), für den mittleren Teil des LD für jeden modellierten Muskel von L6 bis T6 konstant ein Wert von 100 cm² angenommen. Im äußeren kaudalen Bereich waren es 200 cm², im kranialen Teil nur noch 150 cm². So ergaben sich auch für die maximale isometrische Kraft, welche nach Formel (1) in Kapitel 4.3 von PCSA abhängig ist, unterschiedliche Werte. Obwohl in der Literatur Werte bis 1,48 MPa (Buchanan, 1995) zu finden sind, wurde der Multiplikator mit 0,3 MPa (= 30 N/cm²) nach Zajac (1989) ausgelegt:

- $F_{0\_LD\_medial}^M = 3000N$
- $F_{0\_LD\_lateralkaudal}^M = 6000N$
- $F_{0\_LD\_lateralkranial}^M = 4500N$

Die Muskelfaserlängen des LD betragen nach von Scheven (2010) beim Pferd im Schnitt 77 ± 24 mm. Die Muskeln im Modell haben in der Ausgangslage eine Grundlänge von $l_{0\_medial} = 0{,}073m$ und $l_{0\_lateral} = 0{,}092m$. Da jedoch für die Muskelmodellerstellung in *SIMM* die optimale Muskelfaserlänge l_0^M benötigt wurde, konnten bei der Annahme einer maximalen Muskelverkürzung von 30% bei einer Kontraktion Werte von $l_{0\_medial}^M = 0{,}051m$ und $l_{0\_lateral}^M = 0{,}064m$ angenommen werden.

Das fertige Modell des langen Rückenmuskels mit dem medialen und lateralen Teil ist, zusammen mit dem finalen Markerset und der kompletten Rückenwirbelsäule, in Abbildung 67 zu sehen. Da kranial von T6 gelegen keine Marker mehr gesetzt werden konnten, war auch eine Fortführung des Muskelmodells bis zum ersten Brustwirbel nicht sinnvoll.

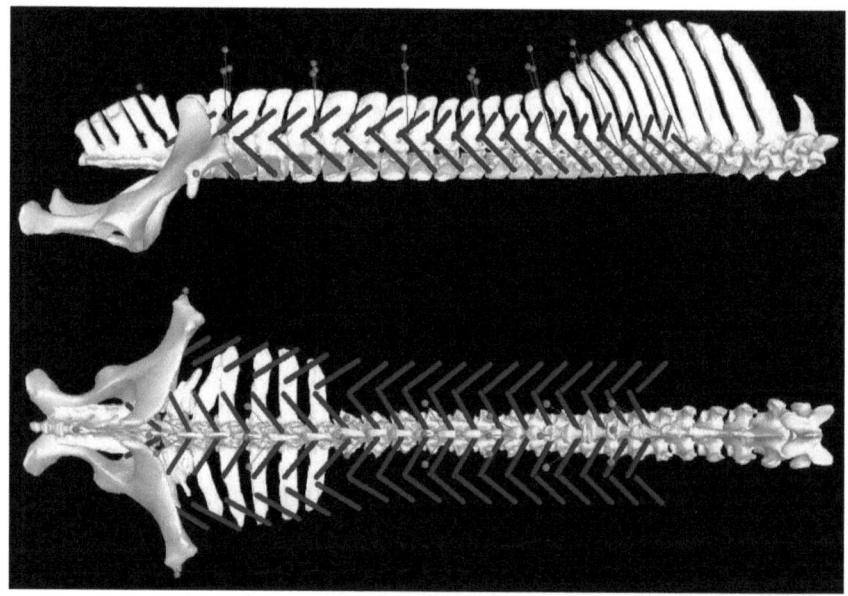

Abbildung 67 Rückenmodell inklusive des M. Longissimus dorsi mit optimierten Markersetup in *SIMM*, Ansicht von lateral & dorsal

11. Diskussion

Das Ziel dieser Dissertation war die Entwicklung eines biomechanischen Modells des Pferderückens in digitaler Simulationsumgebung mit speziellem Augenmerk auf die tatsächlichen anatomischen Gegebenheiten, insbesondere auf den langen Rückenmuskel *Longissimus dorsi*. Außerdem war die Bestimmung eines geeigneten Hautmarkersetups für die Erfassung der thorakolumbalen Bewegung mittels Motion Capturing als Aufgabe gesetzt worden. Da im Kapitel „Eigene Untersuchungen mit Hautmarkersets" die einzelnen Messergebnisse schon ausführlich diskutiert wurden, folgen hier abschließend noch eine überblicksartige Auflistung der wichtigsten Problemstellungen und eine allgemeine zusammenfassende Diskussion.

Die große Bedeutung von Rückenerkrankungen in der Orthopädie des Pferdes und deren erschwerte Diagnostik machen es notwendig, neue objektive diagnostische Verfahren zu etablieren und die Biomechanik des Pferdes noch besser aufzuklären. Das Ziel dieser Arbeit war die Entwicklung eines Starrkörpermodells in Form einer dreidimensionalen 25-gliedrigen kinematischen Kette, deren Segmente durch idealisierte Gelenke in drei Freiheitsgraden (Flexion-Extension, axiale Rotation und laterale Biegung) miteinander in Verbindung stehen. Mit mindestens drei retroreflektierenden Hautmarkern kann die Position bzw. Orientierung eines Segments im Raum durch Motion Capture Verfahren jederzeit bestimmt werden (Anderson et al., 2009). Im Zuge der Modellentwicklung wurden verschiedene Markersets getestet und ihre Vor- und Nachteile ermittelt. Um eine physiologische Bewegungssimulation durchzuführen und dabei eine über den gesamten Pferderücken einfache Differenzierung der Marker zu ermöglichen, wurde im finalen Markerset jeder dritte Wirbel mit drei Markern belegt. Die Resultate der Bewegungssimulationen im Modell zeigten, dass das Ausmaß der Bewegungen in den Wirbelgelenken äußerst gering war. Obwohl die Bewegungsfreiheit in der thorakolumbalen Wirbelsäule allgemein klein ist, muss davon ausgegangen werden, dass die Hautverschiebungen der Marker gegenüber den Bewegungen der Knochen einen großen Einfluss haben (van Weeren, 2009). Da für die Messungen meist auf Übungspferde der VMU Wien zurückgegriffen wurde und daher keine invasiven Eingriffe möglich waren, musste auf den Einsatz von Steinmann Pins und knöchern fixierten Markern verzichtet werden. Selbst wenn bei Verwendung von Knochenmarkern durch lokale Sedierungen schmerzfreie Bewegungen möglich wären, kann dennoch eine Einschränkung der üblichen Bewegungsfreiheit aufgrund der Durchdringung des *Lig. supraspinale* durch die Pins nicht eindeutig ausgeschlossen werden. Unabhängig von der Wahl der Markerfixierung ist das Messen der Bewegungsabläufe der vorderen Brustwirbel kranial vom Widerrist durch die großen Muskelmassen nicht mehr möglich. Durch die geringen Bewegungen der Wirbel innerhalb der einzelnen Gelenke wurden Winkelveränderungen mithilfe von Normalvektoren der durch die drei Marker bestimmten Ebene segmentübergreifend miteinander in Beziehung gesetzt. Es ist gelungen zu zeigen, dass die Rückensegmente trotz des Auftretens von Hautverschiebungen zwischen Markern und Knochen während den Messungen höchst signifikante Korrelationen in allen drei Bewegungsrichtungen (FE, AR, LB) aufwiesen. Im Modell konnte auch bewiesen werden, dass eine axiale Rotation nur mit einer gekoppelten lateralen Biegung auftreten kann (van Weeren 2009). Durch die Bewegung des Rückens in Form einer Wirbelkette war es nicht nötig jeden Wirbel mit Markern zu belegen, um natürliche Bewegungsmuster einwandfrei zu simulieren.

Neben der Zusammenstellung eines optimierten Hautmarkersetups wurde auch ein Modell des *M. Longissimus dorsi* mit Berücksichtigung aller biomechanischen muskelspezifischen Parameter erstellt. Auf eine Validierung des Muskelmodells musste wegen des Fehlens gegenspielender Muskelgruppen verzichtet werden.

Abschließend lässt sich festhalten, dass eine genauere biomechanische Analyse der Wirbelbewegungen und deren verlustfreie Einbindung in das virtuelle Rückenmodell nur mit Knochenmarkern möglich wäre. Dennoch ist der größte Teil der Bewegungen im Rücken auch mit Hautmarkern weitgehend zufriedenstellend messbar gewesen, da die Unterschiede zwischen Haut- und Knochenbewegungen über der Spitze der *Procc. spinosi* noch relativ gering sind (Clancy et al., 2002).

Der nächste Modellentwicklungsschritt könnte eine Neudefinierung der Gelenkfunktionen in *SIMM* sein, um auch die dreidimensionalen Bewegungen der Facettengelenke zu berücksichtigen und so die Koppelung von axialer Rotation mit der Biegung der Wirbelsäule zur Seite im Modell besser zu realisieren. Neben den rotatorischen Gelenkbewegungen könnten auch translatorische Knochenverschiebungen berücksichtigt werden. Auch Bänder könnten modelliert werden, die als passive Strukturen das Rückenmodell komplettieren würden. Wie schon Slijper in seiner Arbeit über eine Bogen-Sehnen-Brücke im Jahr 1946 geschrieben hat, ist auch das Brustbein mit den Rippen und die Bauchmuskulatur für eine korrekte

Brückenkonstruktion der Wirbelsäule des Pferdes unersetzlich. Der Aufbau eines Gesamtkörpermodells mit Einbindung der größten Muskelgruppen für eine Realisierung von invers-dynamischen Simulationen unter Berücksichtigung der Bodenreaktionskräfte könnte neue wissenschaftliche Erkenntnisse in der Bewegungsanalyse beim Pferd liefern.

12. Literaturverzeichnis

ABBOTT, B. C. & WILKIE, D. R. (1953). The relation between velocity of shortening and the tension-length curve of skeletal muscle. *J. Physiol.*, 120, 214-223.

ACKERMANN, M. & SCHIEHLEN, W. (2009). Physiological Methods to Solve the Force-Sharing Problem in Biomechanics. In C. L. BOTTASSO (Ed.) *Multibody Dynamics: Computational Methods and Applications.* Springer Science+Business Media B.V.

ANDERSEN, M. S., DAMSGAARD, M. & RASMUSSEN, J. (2009). Kinematic analysis of over-determinate biomechanical systems. *Comp. Methods Biomech. Biomed. Engin.*, 12, 371-384.

ANDERSON, F. C. & PANDY, M. G. (2001). Static and dynamic optimization solutions for gait are practically equivalent. *J. Biomech.*, 34, 153-161.

ANY BODY TECH. (2009). Anybody Modeling System. Softwarepackage: http://www.anybodytech.com (12. März 2011).

AUDIGIÉ, F., POURCELOT, P., DEGUEURCE, C., DENOIX, J. M. & GEIGER, D. (1999). Kinematics of the equine back: flexion-extension movements in sound trotting horses. *Equine vet. J., Suppl.*, 30, 210-213.

BARTHEZ, P. J. (1789). *Nouvelle mécanique des mouvements de l'homme et des animaux,* Paris.

BERGMANN, C. (1847). Über die Verhältnisse der Wärme-Ökonomie der Thiere zu ihrer Grösse. *Göttinger Studien,* Abt. 1.

BRAND, R. A., PEDERSEN, D. R. & FRIEDRICH, J. A. (1986). The sensitivity of muscle force predictions to changes in physiologic cross-sectional area. *J. Biomech.*, 19.

BUCHANAN, T. S. (1995). Evidence that maximum muscle stress is not a constant: differences in specific tension in elbow flexors and extensors. *Med. Eng. Phys.*, 17, 529-536.

BUCHNER, H. H. F., SAVELBERG, H. H. C. M., SCHAMHARDT, H. & BARNEVELD, A. (1997). Inertial Properties of Dutch Warmblood Horses. *J. Biomech.*, 30, 653-658.

BUDRAS, K. D., SACK, W. O. & RÖCK, S. (2003). *Anatomy of the Horse: An Illustrated Text,* Hannover: Schlütersche.

CAPPOZZO, A., CATANI, F., LEARDINI, A. & BENEDETTI, M. G. (1996). Position and orientation in space of bones during movement: experimental artifacts. *Clin. Biomech.*, 11, 90-100.

CLANCY, E. A., MORIN, E. L. & MERLETTI, R. (2002). Sampling, noise-reduction and amplitude estimation issues in surface electromyography. *J. Electromyogr. Kinesiol.*, 12, 1-16.

CORTEX (2008). Cortex 1.1 User's Manual. Santa Rosa.

CROWNINSHIELD, R. D. & BRAND, R. A. (1981). A physiologically based criterion of muscle force prediction in locomotion. *J. Biomech.*, 14, 793-801.

D'URSO, P. S., ATKINSON, R. L., LANIGAN, M. W., EARWAKER, W. J., BRUCE, I. J., HOLMES, A., BARKER, T. M., EFFENEY, D. J. & THOMPSON, R. G. (1998). Stereolithographic (SL) biomodelling in craniofacial surgery. *Br. J. Plast. Surg.*, 51, 522-530.

DÄMMRICH, K., RANDELHOFF, A. & WEBER, B. (1993). Ein morphologischer Beitrag zur Biomechanik der thorakolumbalen Wirbelsäule und zur Pathogenese des Syndroms sich berührender Dornfortsätze (Kissing Spines-Syndron) bei Pferden. *Pferdeheilkunde*, 9, 267-181.

DAVOODI, R., URATA, C., HAUSCHILD, M., KHACHANI, M. & LOEB, G. E. (2007). Model-based development of neural prostheses for movement. *IEEE Trans Biomed Eng*, 54, 1909-1918.

DAXNER, T. (1997). Simulation von Beuge- und Streckbewegungen des menschlichen Knies mit DADS. *Institut für Mechanik*. Wien: Technische Universität.

DE LAHUNTA, A. (1983). *Upper motor neuron system*, Philadelphia: W.B. Saunders Company.

DELP, S. L., ANDERSON, F. C., ALLISON, A., LOAN, P., HABIB, A., JOHN, C., GUENDELMANN, E. & THELEN, D. (2007). OpenSim: Open-Source Software to Create and Analyze Dynamic Simulations of Movement. *IEEE Trans. Biomed. Eng.*, 54, 1940-1950.

DELP, S. L. & LOAN, J. P. (1995). A graphics-based software system to develop and analyze models of musculoskeletal structures. *Comput. Biol. Med.*, 25, 21-34.

DELP, S. L. & LOAN, J. P. (2000). A computational framework for simulating and analyzing human and animal movement. *IEEE Comput. Sci. Eng.*, 2, 46-55.

DELP, S. L., LOAN, J. P., HOY, M. G., ZAJAC, F. E., TOPP, E. L. & ROSEN, J. M. (1990). An interactive graphics-based model of the lower extremity to study orthopaedic surgical procedures. *IEEE Trans. Biomed. Eng.*, 37, 757-767.

DELP, S. L., RINGWELSKI, D. A. & CARROLL, N. C. (1994). Transfer of the rectus femoris: effects of transfer site on moment arms about the knee and hip. *J. Biomech.*, 27, 1201-1211.

DENOIX, J. M. (1999). Spinal biomechanics and functional anatomy. *Vet. Clin. N. Am.: Equine Pract.*, 15, 27-60.

ERDEMIR, A., MCLEAN, S., HERZOG, W. & VAN DEN BOGERT, A. J. (2007). Model-based estimation of muscle forces exerted during movements. *Clin. Biomech.*, 22, 131-154.

ERDMANN, W. S. (1997). Geometric and inertial data of the trunk in adult males. *J. Biomech.*, 30, 679 - 688.

FABER, M., JOHNSTON, C., SCHAMHARDT, H., VAN WEEREN, P. R., ROEPSTORFF, L. & BARNEVELD, A. (2001a). Basic three-dimensional kinematics of the vertebral column of horses trotting on a treadmill. *Am. J. Vet. Res.*, 62, 757-764.

FABER, M., JOHNSTON, C., SCHAMHARDT, H. C., VAN WEEREN, P. R., ROEPSTORFF, L. & BARNEVELD, A. (2001b). Three-dimensional kinematics of the equine spine during canter. *Equine vet. J. Suppl.*, 33, 145-149.

FABER, M., SCHAMHARDT, H., VAN WEEREN, P. R., JOHNSTON, C., ROEPSTORFF, L. & BARNEVELD, A. (2000). Basic three-dimensional kinematics of the vertebral column of horses walking on a treadmill. *Am. J. Vet. Res.*, 61, 399-406.

FABER, M., SCHAMHARDT, H. C. & VAN WEEREN, P. R. (1999). Determination of 3D spinal kinematics without defining a local vertebral co-ordinate system. *J. Biomech.*, 32, 1355-1358.

FAUQUEX, E. (1982). Der Abstand zwischen den Dornfortsätzen des Pferdes im Bereich der Sattellage in Abhängigkeit von der Körperhaltung und der Bewegung. Universität Zürich.

FREDERICSON, I. & DREVEMO, S. (1971). A new method of investigating equine locomotion. *Equine vet. J.*, 3, 137-140.

FULL, R. J. & AHN, A. N. (1995). Static forces and moments generated in the insect leg: Comparison of a three-dimensional musculo-skeletal computer model with experimental measurements. *J. Exp. Biol.,* 198, 1285-1298.

GALILEI, G. (1638). Discorsi e dimostrazioni matematiche intorno a due nuove scienze attenenti alla mecanica & i movimenti locali. Leida, The Netherlands.

GFÖHLER, M. & LUGNER, P. (2000). Cycling by means of functional eletrical stimulation. *IEEE Trans. Rehabil. Eng.,* 8, 233-243.

GIEHL, M. (2006). 3D-Bildgebung mit einem mobilen C-Bogen (Iso-C 3D): Ein Vergleich mit etablierten Verfahren anhand der distalen Radiusfraktur und Frakturen anderer peripherer Gelenke. Ludwig-Maximilians-Universität München.

GORDON, A. M., HUXLEY, A. F. & JULIAN, F. J. (1966). The variation in isometric tension with sarcomere length in vertebrate muscle fibres. *J. Physiol.,* 184, 170-192.

GRIFFIN, M. J. (2001). The validation of biodynamic models. *Clin. Biomech.,* 16 Suppl. 1, 81-92.

GROESEL, M., GFOEHLER, M. & PEHAM, C. (2009). Alternative solution of virtual biomodeling based on CT-scans. *J. Biomech.,* 42, 2006-2009.

GROESEL, M., ZSOLDOS, R. R., KOTSCHWAR, A., GFOEHLER, M. & PEHAM, C. (2010). A preliminary model study of the equine back including activity of longissimus dorsi muscle. *Equine vet. J. Suppl.,* 38, 401-406.

GUIMARAES, A. C., HERZOG, W., ALLINGER, T. L. & ZHANG, Y. T. (1995). The EMG-force relationship of the cat soleus muscle and its association with contractile conditions during locomotion. *J. Exp. Biol.,* 198, 975-987.

HANAVAN, E. P. (1964). A mathematical model of the human body. Aerospace Medical Research Laboratories, Wright-Patterson Air Force Base, Ohio.

HARDT, D. E. (1978). Determining muscle forces in the leg during normal human walking – an application and evaluation of optimization methods. *J. Biomech. Eng.,* 100, 72-78.

HATZE, H. (1974). Letter: The meaning of the term "biomechanics". *J. Biomech.,* 7, 189-190.

HATZE, H. (1979). A model for the computational determination of parameter values of anthropomorphic segments. National Research Institut for Mathematical Sciences CSIR.

HAUSSLER, K. K. (1999). Anatomy of the thoracolumbar vertebral region. *Vet. Clin. N. Am.: Equine Pract.,* 15, 13-26.

HAUSSLER, K. K., BERTRAM, J. E. A., GELLMAN, K. & HERMANSON, J. W. (2000). Dynamic analysis of in vivo segmental spinal motion: An instrumentation strategy. *Vet. Comp. Orthop. Traumatol.,* 13, 9-17.

HAUSSLER, K. K., BERTRAM, J. E. A., GELLMAN, K. & HERMANSON, J. W. (2001). Segmental in-vivo vertebral kinematics at the walk, trot and canter: A preliminary study. *Equine vet. J. Suppl.,* 33, 160-164.

HERMANSON, J. W. & EVANS, H. E. (1993). The muscular system. In H. E. EVANS (Ed.) *Miller's anatomy of the dog.* Philadelphia: Saunders.

HIBBELER, R. C. (2006). *Technische Mechanik 3,* München: Pearson Studium.

HOLLER, P. (2011). Erstellung eines biomechanischen dreidimensionalen Modells des caninen Ellbogens. Veterinärmedizinische Universität Wien.

HUTCHINSON, J. R., ANDERSON, F. C., BLEMKER, S. S. & DELP, S. L. (2005). Analysis of hindlimb muscle moment arms in Tyrannosaurus rex using a three-dimensional musculoskeletal computer model: Implications for stance, gait, and speed. *Paleobiology,* 31, 676-701.

JEFFCOTT, L. B. (1975). The diagnosis of Diseases of the Horse's Back. *Equine vet. J.,* 7, 69-78.

JEFFCOTT, L. B. (1979a). Radiographic examination of the equine vertebral column. *Vet. Rad.,* 20, 135-139.

JEFFCOTT, L. B. (1979b). Radiographic features of normal equine thoracolumbar spine. *Vet. Rad.,* 20, 140-147.

JEFFCOTT, L. B. (1995). *The approach to the back of the horse,* Stuttgart: P.F.Knezevic (Hrsg.).

JEFFCOTT, L. B. & DALIN, G. (1980). Natural rigidity of horse's backbone. *Equine vet. J.,* 12, 101-108.

KADAU, K. (1991). Die Brust- und Lendenwirbelsäule des Pferdes unter besonderer Betrachtung ihrer Gelenke und Bänder. FU-Berlin.

KARGO, W. J., NELSON, F. & ROME, L. C. (2002). Jumping in frogs: Assessing the design of the skeletal system by anatomically realistic modeling and forward dynamic simulation. *J. Exp. Biol.,* 205, 1683-1702.

KARGO, W. J. & ROME, L. C. (2002). Functional morphology of proximal hindlimb muscles in the frog Rana pipiens. *J. Exp. Biol.,* 205, 1987-2004.

KAUFMAN, K. R., AN, K. N., LITCHY, W. J. & CHAO, E. Y. S. (1991). Physiological prediction of muscle forces- II. Application to isokinetic exercise. *Neuroscience,* 40, 793-804.

KEENE, S. C. (1986). In D. W. FAWCETT & W. BLOOM (Eds.) *A Textbook of Histology.* Philadelphia: WB Saunders.

KOCH, T. & BERG, R. (1985). *Lehrbuch der Veterinäranatomie*: Verlag VEB Fischer, Jena.

KRÜGER, H. (2005). *Strahlungsquellen für Technik und Medizin,* Wiesbaden: B.G. Teubner Verlag.

KRÜGER, W. (1939). Über die Schwingungen der Wirbelsäule - insbesondere der Wirbelbrücke - des Pferdes während der Bewegung. *Berl. Münch. tierärztl. Wochenschr.,* 13, 197-203.

LAL, P. & SUN, W. (2004). Computer Modeling Approach for Microsphere-packed Bone Graft. *Journal of Computer-Aided Design,* 36, 487-497.

LAWSON, S. E. M. & MARLIN, D. J. (2010). Preliminary report into the function of the shoulder using a novel imaging and motion capture approach. *Equine vet. J. Suppl.,* 38, 552-555.

LICKA, T., FREY, A. & PEHAM, C. (2009). Electromyographic activity of the longissimus dorsi muscles in horses when walking on a treadmill. *Vet. J.,* 180, 71-76.

LICKA, T. & PEHAM, C. (1998). An objective method for evaluating the flexibility of the back of standing horses. *Equine vet. J.,* 30, 412-415.

LICKA, T., PEHAM, C. & FREY, A. (2004). Electromyographic activity of the longissimus dorsi muscles in horses during trotting on a treadmill. *Am. J. Vet. Res.,* 65, 155-158.

LICKA, T., PEHAM, C. & ZOHMANN, E. (2001a). Range of back movement at trot in horses without back pain. *Equine vet. J., Suppl.,* 33, 150-153.

LICKA, T., PEHAM, C. & ZOHMANN, E. (2001b). Treadmill study of the range of back movement at the walk in horses without back pain. *Am. J. Vet. Res.,* 62, 1173-1179.

LIEBICH, H. G. (1998). Muskelgewebe (Textus muscularis). In H. G. LIEBICH (Ed.) *Funktionelle Histologie der Haussäugetiere.* Stuttgart: Schattauer.

LOHFELD, S., BARRON, V. & MCHUGH, P. E. (2005). Biomodels of Bone: A Review. *Ann. Biomed. Eng.,* 33, 1295 - 1311.

LUGNER, P., GAUDERNAK, T. & KASTNER, J. (2001). Biomechanik des Bewegungsapparates. Vorlesungsskriptum, TU-Wien.

LYFORD III, J. & ALVAN JONES, H. (1942). An appliance for the easier and more efficient application of skeletal traction with the Steinmann pins. *J. Bone Joint Surg. Am.*, 24, 692-693.

MATERIALISE (2009). Mimics 13. Softwarepackage: http://www.materialise.com/mimics (29. April 2011).

MORRISON, J. B. (1968). Bioengineering analysis of force actions transmitted by the knee joint. *Biomed. Eng.*, 3, 164-170.

MOTION ANALYSIS CORP. (2009). Santa Rosa, California: http://www.motionanalysis.com (03. Mai 2011).

MUSCULOGRAPHICS INC. (2008). Softwarepackage: http://www.musculographics.com (21. März 2011).

NICKEL, R., SCHUMMER, A. & SEIFFERLE, E. (2001). *Lehrbuch der Anatomie der Haustiere,* Berlin: Verlag Paul Parey.

NIGG, B. & HERZOG, W. (1994). *Biomechanics of the musculo-skeletal system*: John Wiley & Sons Ltd.

NORDANDER, C., WILLNER, J., HANSSON, G. A., LARSSON, B., UNGE, J., GRANQUIST, L. & SKERFVING, S. (2003). Influence of the subcutaneous fat layer, as measured by ultrasound, skinfold calipers and BMI, on the EMG amplitude. *Eur. J. Appl. Physiol.*, 89, 514-519.

ODDSSON, L. I. & DE LUCA, C. J. (2003). Activation imbalances in lumbar spine muscles in the presence of chronic low back pain. *J. Appl. Physiol.*, 94, 1410-1420.

OKINO (2008). PolyTrans. Softwarepackapge: http://www.okino.com/conv/conv.htm (28. April 2011).

PANDY, M. G. (1999). Moment arm of a muscle force. *Exerc. Sport Sci. Rev.*, 27, 79-118.

PANDY, M. G. (2001). Computer modeling and simulation of human movement. *Ann. Rev. Biomed. Eng.*, 3, 245-273.

PANJABI, M. M. (1977). Experimental determination of spinal motion segment behavior. *Orth. Clin. N. Am.*, 8, 169-180.

PEHAM, C., FREY, A., LICKA, T. & SCHEIDL, M. (2001). Evaluation of the EMG activity of the long back muscle during induced back movements at stance. *Equine vet. J., Suppl.,* 33, 165-168.

PEHAM, C. & SCHOBESBERGER, H. (2006). A novel method to estimate the stiffness of the equine back. *J. Biomech.,* 29, 2845-2849.

POURCELOT, P., AUDIGIÉ, F., DEGUEURCE, C., DENOIX, J. M. & GEIGER, D. (1998). Kinematics of the equine back: a method to study the thoracolumbar flexion-extension movements at the trot. *Vet. Res.,* 29, 519-525.

PROCHEL, A (2009) Erstellung eines komplexen Muskel-Skelett-Modells zur Berechnung der Druckbelastung in Gelenken bei vorwärtsdynamischen simulierten Bewegungsformen. Eberhard-Karls-Universität Tübingen.

PROSKE, U. & MORGAN, D. L. (1987). Tendon stiffness: methods of measurement and significance for the control of movement. A review. *J. Biomech.,* 20, 75-82.

RANNER, W. (1997). Das "Rückenproblem" beim Pferd - Eigene Untersuchungen und kritische Betrachtungen. Ludwig-Maximilians-Universität München.

RITRUECHAI, P., WELLER, R. & WAKELING, J. M. (2008). Regionalisation of the muscle fascicle architecture in the equine longissimus dorsi muscle. *Equine vet. J.,* 40, 246-251.

ROBERT, C., AUDIGIÉ, F., VALETTE, J. P., POURCELOT, P. & DENOIX, J. M. (2001a). Effects of treadmill speed on the mechanics of the back in the trotting saddlehorse. *Equine vet. J., Suppl.,* 33, 154-159.

ROBERT, C., VALETTE, J. P. & DENOIX, J. M. (2001b). The effects of treadmill inclination and speed on the activity of three trunk muscles in the trotting horse. *Equine vet. J.,* 33, 466-472.

ROONEY, J. R. (1979). *Die Lahmheiten des Pferdes,* Ahnert-Verlag, Friedberg.

SALOMON, F. V. (2004). Knochenverbindungen. In F. V. SALOMON (Ed.) *Anatomie für die Tiermedizin.* (pp. 110-147). Stuttgart: Enke-Verlag.

SCHLACHER, C., PEHAM, C., LICKA, T. & SCHOBESBERGER, H. (2004). Determination of the stiffness of the equine spine. *Equine vet. J.,* 36, 699-702.

SEIFERLE, E. & FREWEIN, J. (1992). Aktiver Bewegungsapparat, Muskelsystem, Myologia. In R. NICKEL, A. SCHUMMER & E. SEIFERLE (Eds.) *Lehrbuch der Anatomie der Haustiere.* Berlin, Hamburg,: Verlag Paul Parey.

SILBERNAGL, S. & DESPOPOULOS, A. (2007). *Taschenatlas Physiologie*, Stuttgart: Georg Thieme.

SIMPLEWARE (2009). ScanIP. Softwarepackage: http://www.simpleware.com/software/scanip (12. Dezember 2010).

SIMTK (2008). Stanford University, California: https://simtk.org/home/opensim.

SLIJPER, E. J. (1946). Comparative biologic-anatomical investigations on the vertebral column and spinal musculature of mammals. *Proc. K. Ned. Acad. Wet. Verh.*, 47, 1-128.

SODERBERG, G. L. (1992). Recording Techniques. *Selected Topics in Surface Electromyography for Use in Occipational Settings: Experts Perspectives.* (pp. 23-41). US Department of Health and Human Services Public Health Service, Center of Disease Control, National Institute for occupational Safety and Health.

SPECTOR, S. A., GARDINER, P. F., ZERNICKE, R. F., ROY, R. R. & EDGERTON, V. R. (1980). Muscle architecture and force-velocity characteristics of cat soleus and medial gastrocnemius: implications for motor control *J. Neurophysiol.*, 44, 951-960.

STATLER, K. D., PETERSON, B. W., DELP, S. L. & KESHNER, E. A. (1994). Control of free head movements in cats analyzed using a three-dimensional musculoskeletal model. *Proc. IEEE Eng. Med. Biol. Soc.*, 327-328.

THELEN, D. G., ANDERSON, F. C. & DELP, S. L. (2003). Generating dynamic simulations of movement using computed muscle control. *J. Biomech.*, 36, 321-328.

TOKURIKI, M., NAKADA, A. & AOKI, O. (1991). Electromyographic activity of trunk muscles in the horse during locomotion and synaptic connections of neurons of trunk muscles in the cat. In S. KARGER (Ed.) *First ESB Workshop on Animal Locomotion.* Utrecht.

TOKURIKI, M., OTSUKI, R., KAI, M., HIRAGA, A. & AOKI, O. (1997). Electromyographic activity of trunk muscles in horses during locomotion on a treadmill. *Proc. 5th World Equine Vet. Association Congress*, 26.

TOWNSEND, H. & LEACH, D. H. (1984). Relationship between intervertebral joint morphology and mobility in the equine thoracolumbar spine. *Equine vet. J.*, 16, 461-465.

TOWNSEND, H. G. G., LEACH, D. H., DOIGE, C. E. & KIRKALDY-WILLIS, W. H. (1986). Relationship between spinal biomechanics and pathologiocal changes in the equine thoracolumbar spine. *Equine vet. J.*, 18, 107-112.

TOWNSEND, H. G. G., LEACH, D. H. & FRETZ, P. B. (1983). Kinematics of the equine thoracolumbar spine. *Equine vet. J.*, 15, 117-122.

UNIVERSITÄT ZÜRICH (2010). http://www.tierspital.uzh.ch/Abteilungen/Pferde/Sportmedizin/Leistungen/Ganganalysen.html (06. Mai 2011).

VAN DEN BOGERT, A. J., GERRITSEN, K. G. & COLE, K. G. (1998). Human muscle modelling from a user's perspective. *J. Electromyogr. Kinesiol.*, 8, 119-124.

VAN DEN BOGERT, A. J., SCHAMHARDT, H. C. & CROWE, A. (1989a). Simulation of quadrupedal locomotion using a dynamic rigid body model. *J. Biomech.*, 22, 33-41.

VAN DEN BOGERT, A. J., SCHAMHARDT, H. C. & SAUREN, A. A. H. J. (1989b). Computer simulation of locomotion in the horse. (pp. 67-89). Utrecht.

VAN WEEREN, P. (2004). Structure and biomechanical concept of the equine back. *Pferdeheilkunde*, 20, 341-348.

VAN WEEREN, P. R. (2009). Kinematics of the Equine Back. In F. M. D. HENSON (Ed.) *Equine Back Pathology*. Oxford: Wiley-Blackwell.

VON SCHEVEN, C. (2010). The Anatomy and Function of the equine thoracolumbar Longissimus dorsi muscle. *Tierärztliche Fakultät*. Ludwig-Maximilians-Universität München.

WAKELING, J. M., RITRUECHAI, P., DALTON, S. & NANKERVIS, K. (2007). Segmental variation in the activity and function of the equine longissimus dorsi muscle during walk and trot. *Equine Comp. Exerc. Physiol.*, 4, 95-103.

WATKINS IV, R., WATKINS III, R., WILLIAMS, L., AHLBRAND, S., GARCIA, R., KARAMANIAN, A., SHARP, L., VO, C. & HEDMAN, T. (2005). Stability Provided by the Sternum and Rib Cage In the Thoracic Spine. *Spine*, 30, 1283-1286.

WEISHAUPT, M. A., HOGG, H. P., WIESTNER, T., DENOTH, J., STÜSSI, E. & AUER, J. A. (2001). Instrumented treadmill for measuring vertical ground reaction forces in horses. *Am. J. Vet. Res.*, 63, 520-527.

WHELAN, P. J. (2003). Electromyogram recordings from freely moving animals. *Methods,* 30, 127-141.

WISSDORF, H., GERHARDS, H. & HUSKAMP, B. (1998). *Praxisorientierte Anatomie des Pferdes,* Hannover: Verlag M. & H. Schaper Alfeld.

WOLTRING, H. (1980). Planar control in multi-camera calibration for three-dimensional gait studies. *J. Biomech.,* 13, 39-48.

YAN, J. (2006). A computer simulation model of the human head-neck musculoskeletal system. *Health Science Center.* University of Tennesse.

ZAJAC, F. E. (1989). Muscle and Tendon: Properties, models, scaling, and application to biomechanics and motor control. *Crit. Rev. Biomed. Eng.,* 17, 359-411.

ZAJAC, F. E., NEPTUNE, R. R. & KAUTZ, S. A. (2002). Biomechanics and muscle coordination of human walking Part I: Introduction to concepts, power transfer, dynamics and simulations. *Gait Posture,* 16, 215-232.

ZANEB, H., KAUFMANN, V., STANEK, C., PEHAM, C. & LICKA, T. (2009). Quantitative differences in activities of back and pelvic limb muscles during walking and trotting between chronically lame and nonlame horses. *Am. J. Vet. Res.,* 70, 1129-1134.

ZARUCCO, L., WISNER, E. R., SWANSTROM, M. D. & STOVER, S. M. (2006). Image fusion of computed tomographic and magnetic resonance images for the development of a three-dimensional musculoskeletal model of the equine forelimb. *Vet. Radiol. Ultrasound,* 47, 553-562.

ZIERMANN, S. (2006). Energiesparmechanismen und Stoßdämpferfunktionen am Bewegungsapparat des Pferdes - Eine Literaturrecherche. Ludwig-Maximilians-Universität München.

ZSCHOKKE, E. (1892). Weitere Untersuchungen über das Verhältnis der Knochenbildung zur Statik und Mechanik des Vertebratenskeletts. *Vet. med. Fakultät.* Zürich: Universität.

ZSOLDOS, R. R., GROESEL, M., KOTSCHWAR, A., KOTSCHWAR, A. B., LICKA, T. & PEHAM, C. (2010). A preliminary modelling study on the equine cervical spine with inverse kinematics at walk. *Equine vet. J. Suppl.,* 38, 516-522.

13. Kurzfassung

Die gegenständliche Arbeit befasst sich im Rahmen einer wissenschaftlichen Kooperation der Technischen Universität Wien und der klinischen Arbeitsgruppe für Bewegungsanalytik an der Veterinärmedizinischen Universität Wien mit der Entwicklung eines biomechanischen Modells zur Simulation der equinen Rückenbewegung in der thorakolumbalen Wirbelsäulenregion. Mithilfe eines optimierten Hautmarkersets werden mittels Motion Capture gemessene Bewegungsmuster in die digitale Simulationsumgebung integriert.

Das entwickelte Starrkörpermodell stellt eine dreidimensionale 25-gliedrige kinematische Kette dar, deren Segmente durch idealisierte Gelenke in jeweils drei Freiheitsgraden (Flexion-Extension, axiale Rotation und laterale Biegung) miteinander in Verbindung stehen. Mit drei retroreflektierenden Hautmarkern kann die Position bzw. Orientierung eines Segments im Raum jederzeit bestimmt werden. Messungen in Schritt und Trab haben gezeigt, dass die Bewegungen in den Wirbelgelenken sehr gering ausfallen. Dennoch kann durch die Einführung von kombinierten Segmenten die Bewegung durch das Vermessen eines jeden dritten Wirbels ausreichend komplex und realitätsnahe simuliert werden. Segmentübergreifende Winkelbeziehungen konnten zur Modellvalidierung herangezogen werden. So zeigten sich höchst signifikante Korrelationen ($p < 0,01$) in allen drei Bewegungsrichtungen. Selbst mit einem permanenten Informationsverlust durch Hautverschiebungen zwischen Markern und Knochen konnte eine Koppelung der axialen Rotation mit einer lateralen Biegung im Modell eindeutig bewiesen werden. Neben der Bestimmung eines Hautmarkersetups war auch die Erstellung eines Muskelmodells des *Longissimus dorsi* mit Berücksichtigung aller biomechanischen muskelspezifischen Parameter ein Ziel dieser Arbeit.

Das Modell der thorakolumbalen Wirbelsäule soll die Basis für ein zukünftiges Ganzkörpermodell bilden und sowohl die Biomechanik des Pferderückens besser erklären als auch neue Einsichten in die Pathogenese des chronischen Rückenschmerzes möglich machen.

14. Abstract

The aim of this thesis was the development of a three-dimensional biomechanical model of the thoracolumbar spine for the simulation of equine back movement. Furthermore, an optimized skin marker setup has been designed in order to combine motion capture with the virtual model in a simulation environment.

The model consists of a kinematic chain with 25 segments linked by idealized joints providing three degrees of freedom (flexion – extension, axial rotation, and lateral bending). The position and orientation of each segment can be calculated by the movement of three retro reflective skin markers. Measurements on the treadmill in walk and trot showed small ranges of movement in the joints of the model. Combining the joints enables the model to represent even complex movement pattern realistically. For model validation, angle correlations between vector products of virtual marker planes were used, showing highly significant correlation coefficients ($p < 0.01$) in all degrees of freedom. Even with a small amount of marker displacement, the model showed the connection of axial rotation and lateral bending in the equine spine properly. An additional aim of this work was to generate a model of *longissimus dorsi* muscle including biomechanical activation and contraction dynamics of muscle tissue.

The model of the thoracolumbar spine should form the basis for a future entire body model and should allow new insights to the biomechanics of the horse back and the pathogenesis of chronic back pain.

Die VDM Verlagsservicegesellschaft sucht für wissenschaftliche Verlage abgeschlossene und herausragende

Dissertationen, Habilitationen, Diplomarbeiten, Master Theses, Magisterarbeiten usw.

für die kostenlose Publikation als Fachbuch.

Sie verfügen über eine Arbeit, die hohen inhaltlichen und formalen Ansprüchen genügt, und haben Interesse an einer honorarvergüteten Publikation?

Dann senden Sie bitte erste Informationen über sich und Ihre Arbeit per Email an *info@vdm-vsg.de*.

Sie erhalten kurzfristig unser Feedback!

VDM Verlagsservicegesellschaft mbH
Dudweiler Landstr. 99   Telefon +49 681 3720 174
D - 66123 Saarbrücken   Fax   +49 681 3720 1749
www.vdm-vsg.de

Die VDM Verlagsservicegesellschaft mbH vertritt

Printed by Books on Demand GmbH, Norderstedt / Germany